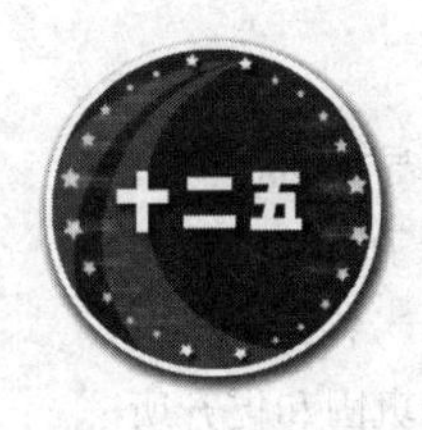

21世纪高等学校计算机公共课程“十二五”规划教材

计算机应用基础实验指导

（第二版）

主　编　时书剑　胡声丹

参　编　陈佳雯　何向武　崔　霞

主　审　陆慰民

中国铁道出版社有限公司
CHINA RAILWAY PUBLISHING HOUSE CO., LTD.

内容简介

本书是胡声丹、时书剑主编的《计算机应用基础（第二版）》的配套实验指导教材，全书分为两部分：第一部分为实验指导，共设计了19个实验，不仅对实验范例进行了详细的操作说明，还根据知识点设计了丰富的实训题目，供学生练习；第二部分为习题及参考答案，根据教学目标综合设计了五个模块，每个模块都采用测试形式，供学生在完成实验后巩固和提升所学知识。最后在附录中给出了操作模拟题，帮助学生对所学知识融会贯通。

本书取材丰富实用，内容深入浅出，形式简单明了，适合作为高等学校计算机应用基础课程的实验教材，也可作为具有一定操作技能和使用经验的计算机应用人员的参考用书。

图书在版编目（CIP）数据

计算机应用基础实验指导 / 时书剑，胡声丹主编. — 2版.
— 北京 : 中国铁道出版社，2013.9（2019.7重印）
21世纪高等学校计算机公共课程“十二五”规划教材
ISBN 978-7-113-17227-5

Ⅰ. ①计… Ⅱ. ①时… ②胡… Ⅲ. ①电子计算机－高等学校－教学参考资料 Ⅳ. ①TP3

中国版本图书馆CIP数据核字(2013)第200063号

书　　名：计算机应用基础实验指导（第二版）
作　　者：时书剑　胡声丹　主编

策　　划：曹莉群　杜　鹃　　　　读者热线：（010）63550836
责任编辑：杜　鹃
封面设计：付　巍
封面制作：白　雪
责任印制：郭向伟

出版发行：中国铁道出版社有限公司（100054，北京市西城区右安门西街8号）
网　　址：http://www.tdpress.com/51eds/
印　　刷：北京市科星印刷有限责任公司
版　　次：2010年8月第1版　　2013年9月第2版　　2019年7月第12次印刷
开　　本：787mm×1092mm　1/16　印张：9.75　字数：231千
印　　数：23 301～26 100册
书　　号：ISBN 978-7-113-17227-5
定　　价：20.00元

第二版前言

FOREWORD

本书是与胡声丹、时书剑主编的主教材《计算机应用基础（第二版）》配套的上机实验指导教材，结合了应用型高校培养应用型人才制订的教学目标，将全书分为两部分：第一部分是实验指导，第二部分是习题及参考答案，最后，在附录中给出操作模拟题。

实验指导部分分为计算机组装、Windows 7 操作、Office 2010 操作、多媒体操作、网页设计和网络应用六类，共 19 个实验。其中，组装计算机、网络基础、信息浏览与下载和电子邮件实验各 1 个；Windows 7 操作、Word 2010 基本操作、Excel 2010 基本操作、PowerPoint 2010 操作、Photoshop CS4 基本操作和 Flash CS4 基本操作实验各 2 个；网页设计实验 4 个。

为了便于学生独立完成实验，每个实验先给出一定数量的范例，并配有相应的视频，覆盖教学目标涉及知识点，然后给出实验要求。

习题部分根据教学目标分为五类习题，分别是计算机基础、Windows 7 和 Office、多媒体基础、计算机网络、网页设计。

操作模拟题部分包含实验指导中所涉及的软件操作，便于学生对所学知识融会贯通。

本书以 Windows 7 为操作平台，涉及的应用软件有 Office 2010、Photoshop CS4、Flash CS4、Dreamweaver CS4 等。在实施实验环节，可根据实际的实验环境、学时、学生的具体情况等因素对实验内容进行适当调整，以提高教学效率和质量。

为了适应教学的需要，我们制作了与教材配套的实验素材和样例。使用本书的学校如有需要，可与编者联系。电子邮箱为 shi_shujian@126.com 或 hushengdan@163.com。

上海师范大学天华学院计算机教研室全体教师参与了本套教材的策划和编写工作。本书由时书剑、胡声丹主编。陈佳雯、何向武、崔霞参编。同济大学陆慰民教授审阅了本书，陆一屏、王艺红、李秀贤、朱怀中等教师提出了宝贵的修改意见。中国铁道出版社的领导和编辑对本书的出版给予了大力的支持和帮助，在此表示衷心感谢。

“一切为了教学，一切为了学生”是我们的心愿，但由于编者水平和经验有限，对于应用前景广泛的人文、社会科学各学科知识的了解也不够全面，疏漏在所难免，敬请有关专家和广大读者给予批评指正。

编　者

2013 年 6 月

第一版前言

FOREWORD

本书是与陆慰民、胡声丹主编的《计算机应用基础》配套的上机实验教材，也是结合应用型高校培养应用型人才制订的教学目标。全书分为两部分和一个附录：第一部分是实验指导，第二部分是习题及参考答案，附录为操作模拟题。

在实验指导中，按功能分为计算机组装、Windows 操作、Office 操作、多媒体操作、网页设计和网络应用六类，共 19 个实验。其中，组装计算机、PowerPoint 操作、网络基础、信息浏览与下载和电子邮件实验各 1 个；Windows 操作、Word 基本操作、Excel 基本操作、Photoshop 基本操作和 Flash 基本操作实验各 2 个；网页设计实验 4 个。为了便于学生独立完成实验，每个实验先给出一定数量的范例，覆盖教学目标涉及知识点，然后给出实验要求。

习题部分根据教学目标分为五类习题，分别是计算机基础、Windows XP 和 Office、多媒体基础、计算机网络、网页设计。每类习题都采用测试形式，供学生在完成实验后巩固和提升所学知识。

操作模拟题部分包含实验指导中所涉及的软件操作，便于学生对所学知识融会贯通。

本书以 Windows XP 为操作平台，涉及的应用软件有 Office 2003、Photoshop、Flash、Dreamweaver 等，实验中以软件的基本功能为主，尽可能地减少与版本的相关性。在实施实验环节时，可根据实际的实验环境、学时、学生的具体情况等因素对实验内容进行适当调整，以提高教学效率和质量。

为了适应教学的需要，我们制作了与教材配套的实验素材和样例。使用本书的学校如果需要，可与编者联系。电子邮箱为 shi_shujian@126.com 或 hushengdan@yahoo.com.cn。

参加本套教材策划和编写的人员有陆慰民、时书剑、黄荣保、胡声丹、陈佳雯、何向武、崔霞、乔延华、吕向风等。同济大学浙江学院雷新贤教授审阅了本书；中国铁道出版社的领导和编辑对本书的出版给予了大力的支持和帮助，在此表示衷心感谢。

“一切为了教学，一切为了学生”是我们的心愿，书中若有不足之处，恳请教师和同学们指正。

编　者

2010 年 7 月

CONTENTS

目录

第一部分 实验指导

第二部分 习题及参考答案

第一部分 实验指导

实验 1 组装计算机

一、实验目的

（1）掌握微机的基本硬件组成。

（2）掌握个人计算机的主要配件及其性能参数。

（3）掌握个人计算机的组装。

二、实验范例

1. 组装个人计算机需要购买的配件及主要性能参数。

（1）主板：承载计算机系统主要组件的电路板。

芯片组是主板的核心所在，它决定了主板的主要性能。目前，市面上主要的主板芯片组生产厂商有 Intel、AMD 等。

集成主板一般集成了声卡、网卡、显卡等配件，是低端市场的主流产品。

（2）CPU：负责计算机系统运行的核心硬件。

CPU 的性能指标直接决定微型计算机的运行速度，CPU 的主要选购性能参数是主频，通常主频越高，CPU 的速度越快。

市面上的 CPU 有散装和盒装之分，一般来说，它们在性能、稳定性和超频性方面不存在差距，但在质保期及是否附带原装散热风扇方面有所区别。盒装 CPU 的保修期通常为 3 年，而且一般附送一只质量较好的原装散热风扇（个别高端盒装 CPU 不附送风扇）；散装 CPU 的质保时间为 1 年，不带散热风扇。

（3）内存：存储数据的硬件，关闭电源后数据会丢失。

内存的选购性能参数主要是存储容量和存取速度，目前市面上的内存产品以 DDR2 和 DDR3 为主，传输速率比传统的 SDRAM 快。

挑选内存时，在追求大容量、高频率的同时，还要注意内存的工作频率与 CPU 的前端总线频率保持匹配。在升级内存时要注意选择规格相近、兼容性相对较好的内存。

（4）显卡：控制计算机的图像输出。

有些计算机将显卡集成到主板上。显卡的主要选购性能参数是显卡芯片、容量和速度等。目前，设计、制造显卡芯片的厂家有 nVIDIA、AMD 等公司。

（5）硬盘：最常用的存储设备。

硬盘的选购性能参数主要是硬盘容量、硬盘转速和缓存容量。目前市面上主要的硬盘品牌有希捷、西部数据、东芝、三星等。

（6）光驱：读取光盘数据的设备。

光驱的选购性能参数主要是读取速度、接口类型和机型。目前，市面上主要的光驱品牌有先锋、华硕、三星、索尼、明基等。

（7）机箱：它是安装计算机主板、硬盘、光驱等的重要箱体，一般配带电源。

机箱的主要选购标准是机箱的材质、可扩展性、防尘性、散热性等。目前，市面上常见的机箱品牌有长城、金河田等。

（8）显示器：计算机的显示设备，一般是液晶显示器。

显示器的主要选购性能参数：尺寸、信号响应时间、亮度等。目前，市面上常见的显示器品牌有三星、LG、飞利浦等。

（9）键盘和鼠标：最常用的输入设备。

现在常见的键盘品牌有罗技、戴尔、微软、技嘉等，鼠标品牌有罗技、双飞燕、雷柏等。

2. 组装个人计算机的步骤。

计算机配件购买齐全后，即可组装计算机，组装时应参阅主板说明书，基本步骤如下：

（1）安装 CPU。在安装时，处理器上印有三角标识的角要与主板上印有三角标识的角对齐。

（2）安装散热器。安装散热器前，如果散热器底部没有导热硅脂，要先在 CPU 表面均匀地涂上一层导热硅脂。

（3）安装内存。先将内存插槽两端的扣具打开，然后将内存平行放入内存插槽中，安装时注意内存与插槽上的缺口对应，用拇指按住内存两端轻微向下压，听到“啪”的一声响后，即说明内存安装到位。在相同颜色的内存插槽中插入两条规格相同的内存时，可以打开双通道功能，以提高系统性能。

（4）将主板固定到机箱中。先将机箱提供的主板固定用螺柱，按主板安装孔的数量拧到主板托架的对应位置，再将主板放入机箱中后拧紧螺钉，固定好主板。

（5）安装硬盘。将硬盘固定在机箱的 3.5 英寸硬盘托架上并拧紧螺钉即可，若使用可拆卸的 3.5 英寸机箱托架，硬盘安装起来更方便。

（6）安装光驱、电源。安装光驱的方法与安装硬盘的方法大致相同，将机箱 5.25 英寸的托架前的面板拆除，并将光驱放入对应的位置，拧紧螺钉即可。

（7）安装显卡，并接好各种线缆。将显卡垂直对准主板上的显卡插槽，向下轻压到位后，再用螺钉固定即完成了显卡的安装。

3. 网上自助装机。

（1）在浏览器地址栏输入 http://zj.zol.com.cn 并按【Enter】键进入网站，如图 1-1 所示。

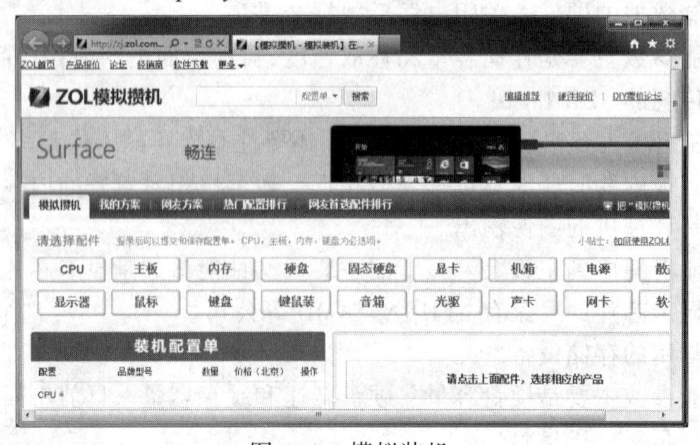

图 1-1　模拟装机

（2）选择“网友方案”和“热门配置排行”模块，学习已有装机方案。

（3）选择“网友首选配件排行”模块，了解常用机器配件。

（4）选择“模拟攒机”模块，从性能、价格等因素综合考虑选择各配件，并形成装机配置单，如图 1–2 所示。

图 1–2　装机配置单

三、实训

1. 调查当前的个人计算机市场，按表 1–1 的格式列出适合自己的计算机配置清单。

表 1–1　配置清单

配　　件	型　　号	价　　格
CPU		
主板		
内存		
硬盘		
光驱		
显卡		
显示器		
机箱		
声卡		
网卡		
音箱		
电源		
键盘		
鼠标		
合计		

2. 到计算机商城了解实际组装一台个人计算机的过程。

实验 2 Windows 操作一

一、实验目的

（1）掌握 Windows 7 桌面的基本操作。
（2）掌握 Windows 7 中资源管理器的使用和窗口的基本操作。
（3）掌握 Windows 7 中文件夹的基本操作。
（4）掌握 Windows 7 中的搜索功能。
（5）掌握 Windows 7 中快捷方式和帮助系统的应用。

二、实验范例

1. 按要求设置桌面和任务栏。

（1）在桌面上添加系统图标“计算机”“用户的文件”“网络”“回收站”“控制面板”，删除其他快捷方式图标，并以“中等图标”按名字进行排序。

（2）将系统示例图片中的水母.jpg 设置为桌面背景，图片位置为“填充”。

（3）设置屏幕保护程序为“彩带”，等待时间为 15min，且恢复时显示登录屏幕。

（4）调整屏幕分辨率到合适的像素。

（5）更改窗口颜色和声音，以“我的最爱”为主题名称保存桌面主题。

（6）改变任务栏高度，并移动任务栏到屏幕的左、上、右边缘。

（7）设置任务栏按钮显示方式为“始终合并，隐藏标签”。

（8）设置系统日期和时间为当前时间，并添加附加时钟。

分析：

Windows 7 默认提供了多个桌面主题，其中包括不同颜色的窗口、多组风格背景图片以及与其风格匹配的系统声音，用户可以选择系统自带的桌面主题，也可以自定义桌面主题来满足个性化需求。

任务栏位于桌面的最下方，主要由“开始”按钮、任务按钮区、通知区域和“显示桌面”按钮组成。

操作步骤：

（1）右击桌面，在弹出的快捷菜单中选择“个性化”命令打开“个性化”窗口，单击窗口左侧“更改桌面图标”超链接，在弹出的“桌面图标设置”对话框中添加系统图标后单击“确定”按钮。选中桌面上的快捷方式图标，按【Delete】键删除。右击桌面，在弹出的快捷菜单中分别选择“查看”→“中等图标”、“排序方式”→“名称”命令排列桌面图标。

（2）单击“个性化”窗口下方的“桌面背景”超链接，打开图 2-1 所示的界面，在图片位置下拉列表中选择“示例图片”，选中相应图片并设置图片位置后单击“保存修改”按钮。

（3）单击“个性化”窗口下方的“屏幕保护程序”超链接，打开如图 2-2 所示的界面，在屏幕保护程序下拉列表中选择“彩带”，设置等待时间为 15min，选中“在恢复时显示登录屏幕”复选框并应用所作设置。

图 2-1　设置桌面背景图片

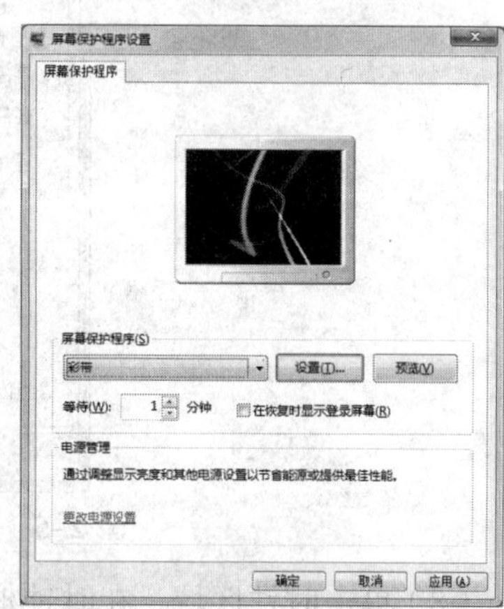

图 2-2　屏幕保护程序

（4）右击桌面，在弹出的快捷菜单中选择“屏幕分辨率”命令打开如图 2-3 所示的界面，在分辨率下拉列表中选择合适的屏幕分辨率并应用所作设置。

（5）分别单击“个性化”窗口下方的“窗口颜色”和“声音”超链接进行设置，选择“保存主题”命令，在“将主题另存为”对话框中输入主题名称并保存，如图 2-4 所示。

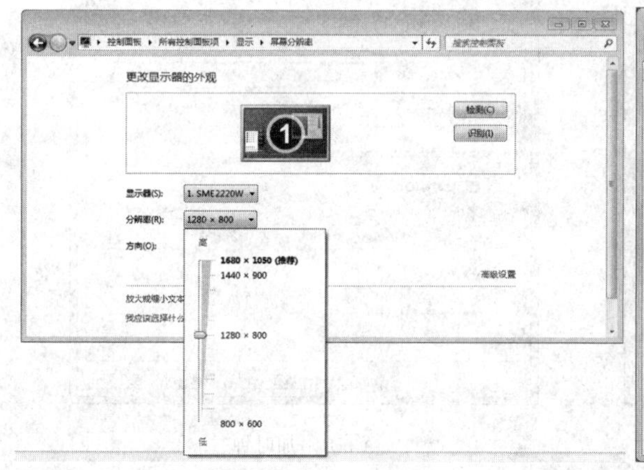

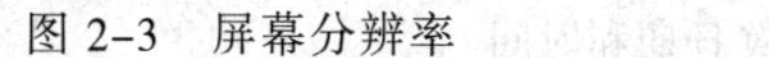

图 2-3　屏幕分辨率

图 2-4　保存桌面主题

（6）右击任务栏空白处，取消对“锁定任务栏”命令的选择。将鼠标指针移到任务栏顶部边缘，鼠标指针变成双箭头后向上拖动可改变任务栏高度。用鼠标拖动任务栏至屏幕的边缘可改变任务栏的位置。

（7）右击任务栏空白处，在弹出的快捷菜单中选择“属性”命令，打开“任务栏和「开始」菜单属性”对话框，在“任务栏”选项卡下设置任务栏按钮显示方式设置为“始终合并，隐藏标签”，如图 2-5 所示。

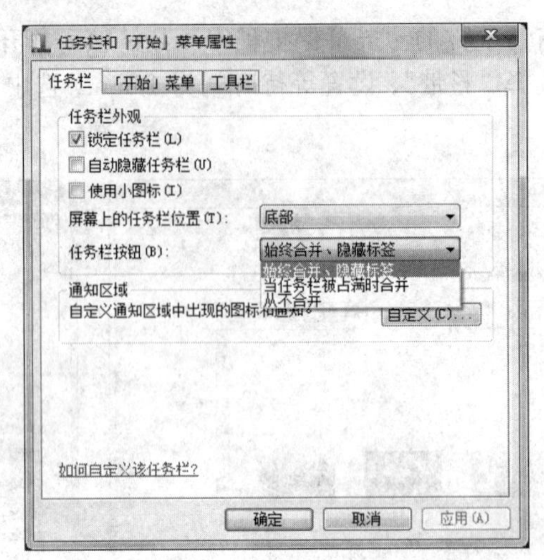

图 2-5　“任务栏和「开始」菜单属性”对话框

（8）单击时钟区域，在时钟框中单击“更改日期和时间设置...”链接，打开“日期和时间”对话框，在“日期和时间”选项卡下更改时间，如图 2-6（a）所示，在“附加时钟”选项卡下添加时钟，如图 2-6（b）所示。

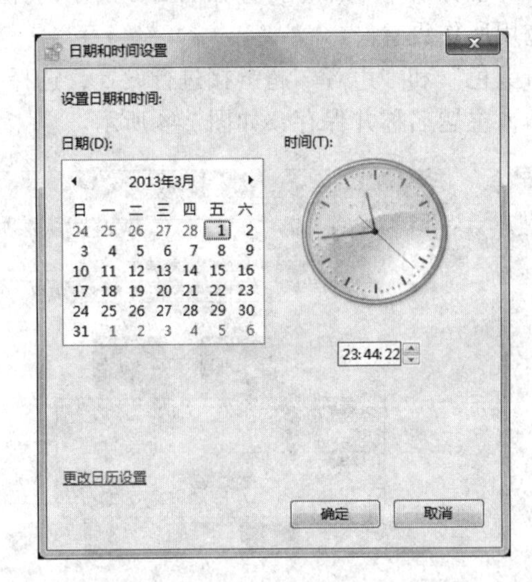

（a）更改日期和时间

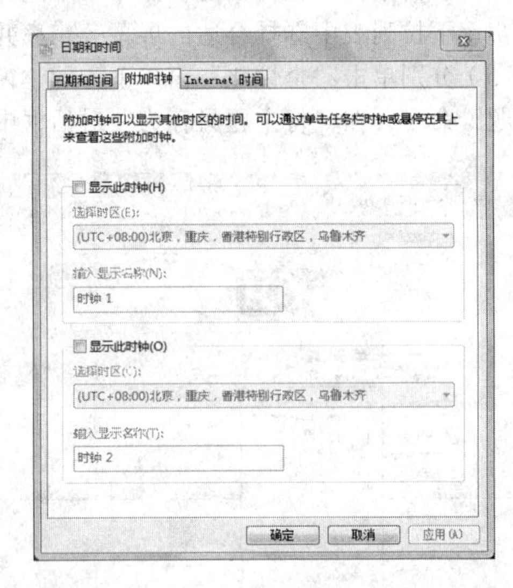

（b）附加时钟

图 2-6　设置日期和时间

2. 打开资源管理器，对计算机上的文件及文件夹进行管理。

分析：

资源管理器是 Windows 操作系统提供的资源管理工具，用来组织和操作文件和文件夹。使用资源管理器可以非常方便地完成移动文件、复制文件、启动应用程序、连接网络驱动器、打印文档和维护磁盘等工作。

“资源管理器”窗口主要有左右两个窗格，左窗格是导航窗格，显示资源列表，右窗格是工作区，显示当前文件夹下的子文件夹或文件目录列表。

操作步骤：

（1）快速打开“资源管理器”窗口。右击任务栏上的“开始”按钮，在弹出的快捷菜单中选择“打开 Windows 资源管理器”命令，或右击任务栏的任务按钮，在转跳列表中选择“Windows 资源管理器”命令，如图 2-7 所示。

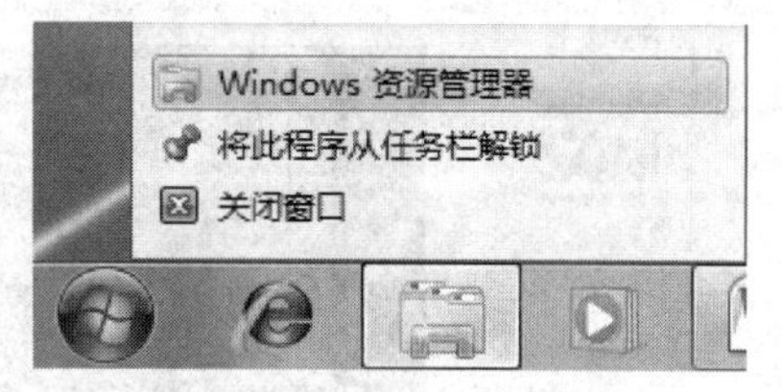

图 2-7　打开资源管理器

（2）查看文件夹的内容。通过窗口工具栏右侧的按钮或窗口工作区的快捷菜单，分别以图标、列表、详细信息、平铺和内容等方式显示文件夹的内容。

（3）查看隐藏文件（夹）。文件（夹）具备的基本属性有只读、隐藏、存档等，文件扩展名反映出文件的类型。在默认情况下，“资源管理器”窗口不显示系统和隐藏文件（夹），也不显示文件扩展名。要显示隐藏文件（夹）或文件扩展名，可选择“工具”→“文件夹选项”命令，打开“文件夹选项”对话框，在“查看”选项卡中选中“显示隐藏的文件、文件夹和驱动器”单选按钮，取消选中“隐藏已知文件类型的扩展名”复选框。

（4）查看文件（夹）数量。选中“查看”→“状态栏”菜单命令，可在状态栏中显示当前文件夹下的子文件夹及文件数量。利用“查看”→“选择详细信息”命令，在打开的对话框中可设置信息的显示格式，如图 2-8 所示。

（5）查看与设置文件（夹）属性。选中资源管理器中某一文件夹或文件并右击，在弹出的快捷菜单中选择“属性”命令，弹出图 2-9 所示的对话框，在对话框中设置“隐藏”属性后观察文件与文件夹的显示状态。

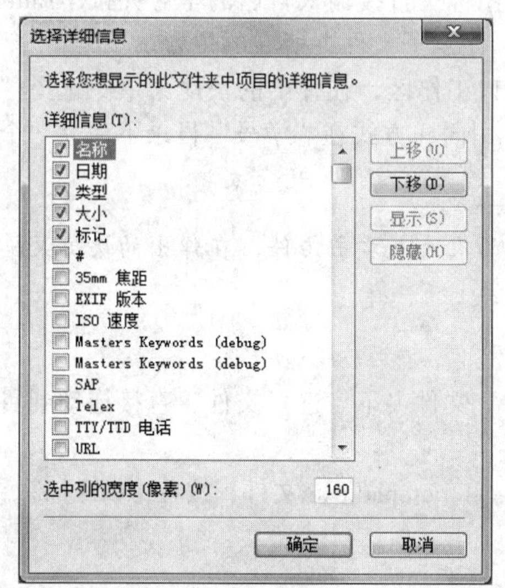

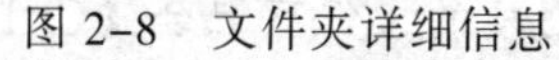
图 2-8　文件夹详细信息

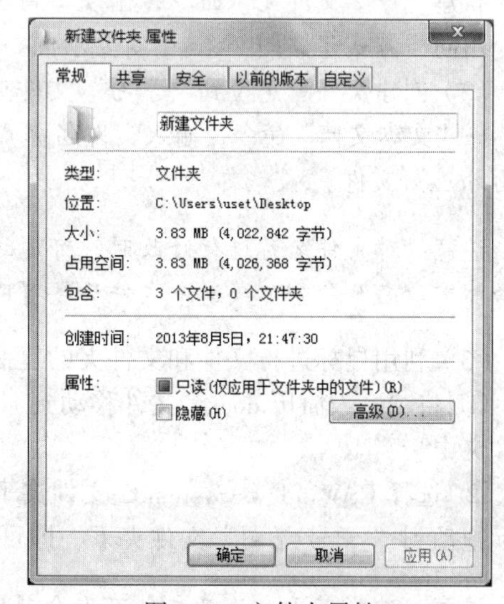

图 2-9　文件夹属性

（6）在预览窗格中预览文件。单击窗口工具栏右侧的按钮展开预览窗格，选中文件并进行预览，图 2-10 所示为预览系统示例视频。

（7）设置磁盘卷标。选中 E 盘，选择工具栏“组织”→“属性”命令或快捷菜单中的“属性”命令，弹出图 2-11 所示的对话框，在“常规”选项卡中修改卷标设置为“娱乐”并应用所作设置。

图 2-10　预览视频

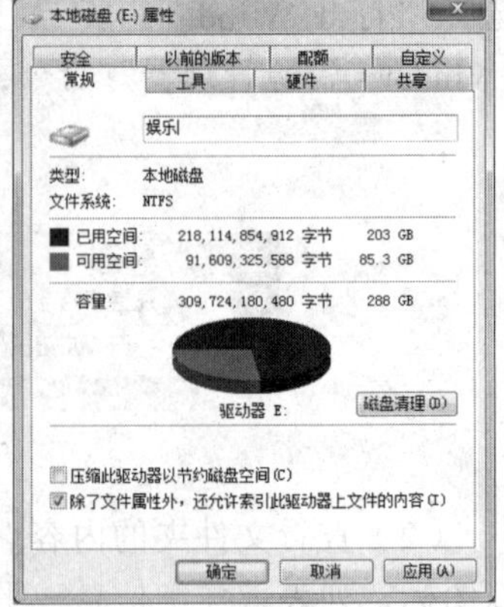

图 2-11　设置磁盘卷标

3. 在 C:\提示符下创建图 2-12 所示的文件夹结构及文件，并按要求对文件、文件夹进行复制、移动、删除、改名、压缩等操作。

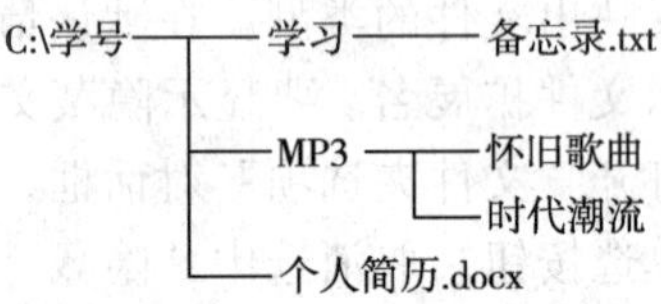

C:\学号 —— 学习 —— 备忘录.txt
MP3 —— 怀旧歌曲
时代潮流
个人简历.docx

图 2-12　文档结构图

分析：

计算机中的所有资源都是以文件形式组织和存放的，文件被放置在文件夹或磁盘中以便于管理。Windows 7 主要通过资源管理器对文件和文件夹实现管理和维护，利用资源管理器可以方便地对文件及文件夹进行新建、复制、移动、删除等操作。

操作步骤：

（1）创建文件夹。打开资源管理器，定位到 C:\，右击窗口工作区，在弹出的快捷菜单中选择“新建”→“文件夹”命令，出现“新建文件夹”图标，直接输入自己的学号并按【Enter】键。用同样方式建立图 2-12 中所要求的一组文件夹，注意子文件夹所在的位置。

（2）创建文件。定位到“学习”文件夹，右击窗口工作区，在弹出的快捷菜单中选择“新建”→“文本文档”命令，输入文件名称“备忘录”。用同样方式在“学号”目录下建立“个人简历.docx”文件。

注意：对文件名称进行修改时，可通过单击文件两次，或右击文件，在弹出的快捷菜单中选择“重命名”命令，或选中文件后按【F2】键等方式。

（3）利用鼠标进行文件和文件夹的复制和移动。

① 将“个人简历.docx”文件移动到“\学号\学习”文件夹下。选择文件，直接拖动到目标文件夹中。

② 选择 C:\Windows\System32 文件夹下的 calc.exe 和 notepad.exe 文件，按住【Ctrl】键，用鼠标拖动到“\学号\学习”文件夹下，即可完成复制。

注意：选择若干个连续文件可配合【Shift】键，选择不连续的文件可配合【Ctrl】键。若文件在同盘的不同文件夹间移动，将文件拖动到导航窗格的目标文件夹中即可；若文件在同盘的不同文件夹间复制，先按住【Ctrl】键不放，再做上述移动操作。

（4）利用剪贴板将 C:\Windows\System32 文件夹下的 write.exe 程序文件复制到“\学号\学习”文件夹下。

可通过快捷菜单、“编辑”菜单、“组织”工具、快捷键（【Ctrl+C】、【Ctrl+V】）等方式实现，最方便的方法是选中文件后按【Ctrl+C】组合键完成复制，按【Ctrl+V】组合键完成粘贴。

（5）文件和文件夹的删除与恢复。

① 在资源管理器中，定位到“C:\学号\学习”文件夹，选中 notepad.exe 文件。

② 按【Delete】键或选择菜单栏“文件”→“删除”命令，或选择工具栏“组织”→“删除”命令，在弹出的“删除文件”对话框中单击“是”按钮，将要删除的文件移入“回收站”。不要删除系统文件，否则将导致系统瘫痪。

③ 通过桌面上的“回收站”图标打开“回收站”窗口，如图 2-13 所示，可看到被删除的文件。选择文件，单击工具栏“还原此项目”按钮，可恢复被删除的文件。

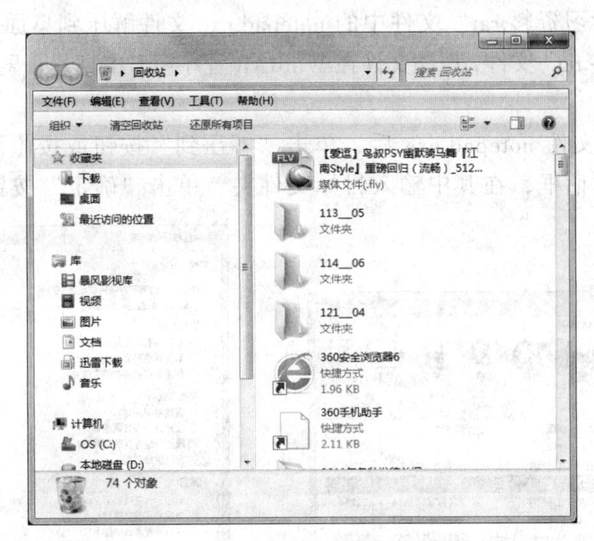

图 2-13　回收站

注意：删除文件时若按住【Shift】键，在弹出的“删除文件”对话框中单击“是”按钮，则彻底删除这些文件，而不放入回收站中。

（6）将“\学号\学习”文件夹压缩为“学习资料.rar”文件存放在桌面上。

① 在资源管理器中选中“学习”文件夹，在“文件”菜单或右键快捷菜单中选择“添加到压缩文件”命令，如图 2-14（a）所示。若选择“添加到‘学习.rar’”命令，则直接将“学习”文件夹压缩在当前文件夹内。

② 在弹出的“压缩文件名和参数”对话框中，通过“浏览”按钮指定目标文件夹，输入目标压缩文件名称“C:\Users\user\Desktop\学习资料.rar”（包含文件夹和文件名），如图 2-14（b）所示。如选择默认名称，则压缩文件生成在当前文件夹下。

③ 单击“确定”按钮开始压缩。压缩期间，将显示压缩进度，如图 2-14（c）所示。

注意：在对话框中还可以选择新建压缩文件的格式（RAR 或 ZIP）、压缩级别、分卷大小和压缩选项等，详细内容可参考“帮助”中的“压缩文件名和参数对话框”主题。如果该对话框中“压缩文件名”指定的是已经存在的 RAR 文件，则选定的文件将被添加到该 RAR 文件中。

（a）选择压缩命令

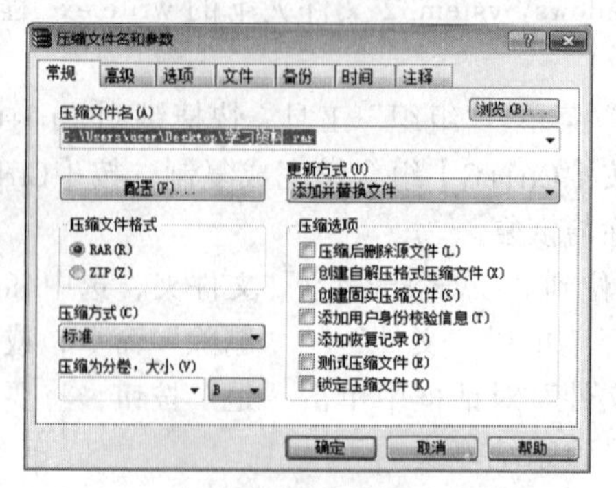
（b）设置压缩参数

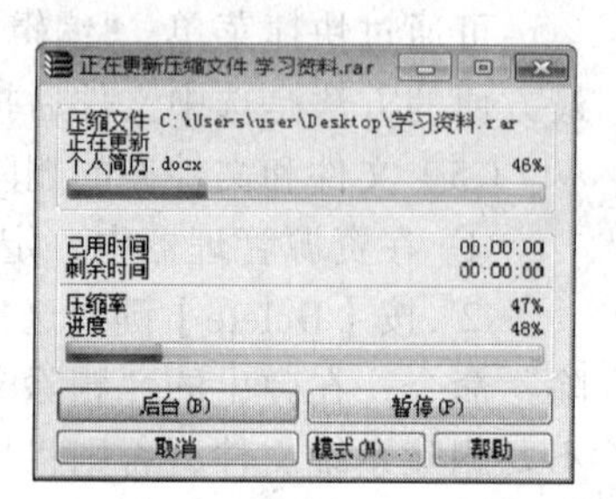
（c）压缩进度

图 2-14　压缩文件夹

（7）将桌面上“学习资料.rar”文件中的 notepad.exe 文件解压到桌面上。

① 双击“学习资料.rar”文件，压缩文件在 WinRAR 程序窗口中打开并显示内容，如图 2-15（a）所示。

② 选择要解压的文件 notepad.exe 后，单击“解压到”按钮或按【Alt+E】组合键，打开图 2-15（b）所示的对话框，在其中输入目标文件夹，单击“确定”按钮开始解压。

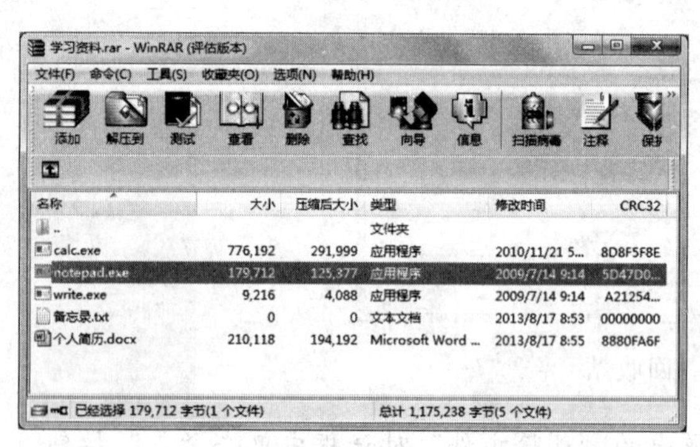
（a）打开压缩文件

（b）设置解压缩参数

图 2-15　解压缩文件

注意：可以通过鼠标左、右键拖动一个或多个压缩文件，将它们放到目标文件夹，由“复制”“移动”命令实现解压。

（8）打开“\学号\学习”文件夹下的所有文件，按住【Alt】键，然后连续按【Tab】键设置当前活动窗口；或按住【Alt】键，然后连续按【Esc】键切换当前活动窗口。

4. 在 C:\Windows\System32 中查找可执行文件 mspaint.exe，并将该文件以“画图.exe”为文件名复制到“C:\学号\学习\”文件夹中。

分析：

对于名称或位置不明确的文件可以利用 Windows 7 的“搜索”功能查找。对于不确定的文件或文件夹名称可以使用通配符“？”或“*”。

操作步骤：

（1）在资源管理器窗口中定位到 C:\Windows\System32，在窗口地址栏右侧的搜索框中输入 mspaint.exe，随着字符的输入搜索结果会反复筛选，直到搜索完成后结果如图 2-16 所示。

图 2-16　设置搜索条件

（2）在窗口工作区选中 mspaint.exe 文件，将其复制到“C:\学号\学习\”下，并修改文件名为画图.exe。

5. 创建快捷方式。

分析：

桌面上左下角有↗的图标称为快捷方式，通过快捷方式可以打开对应的应用程序，也可为文件、文件夹、磁盘等创建快捷方式。快捷方式可放置在桌面、文件夹、“开始”菜单、任务栏等任意位置。创建快捷方式有多种方法，可以通过鼠标直接拖动，也可以通过“文件”→“新建”→“快捷方式”命令创建，还可以通过快捷菜单中的“发送到”→“桌面快捷方式”命令创建桌面快捷方式。

操作步骤：

（1）在桌面上创建指向 C:\Windows\System32\write.exe 写字板程序的快捷方式。

右击桌面空白处，在弹出的快捷菜单中选择“新建”→“快捷方式”命令，在弹出的“创建快捷方式”对话框中单击“浏览”按钮找到 C:\Windows\System32 文件夹中的 write.exe 应用程序文件，输入快捷方式的名称为“写字板”，单击“完成”按钮。

（2）在“C:\学号\学习\”下创建名为 JSP 的快捷方式，该快捷方式指向 mspaint.exe（画图）文件。

搜索 mspaint.exe 文件存放的位置，在“C:\学号\学习\”下新建快捷方式，在“创建快捷方式”对话框中输入 mspaint.exe 文件的绝对路径（包括文件夹和文件名），输入快捷方式的名称为 JSP，单击“完成”按钮即可。

（3）在桌面上创建名为“学习”的快捷方式，该快捷方式指向“C:\学号\学习”文件夹。

打开资源管理器，定位到“学号”文件夹，右击“学习”文件夹，在弹出的快捷菜单中选择“发送到”→“桌面快捷方式”命令，在桌面上将该快捷方式的名称重命名为“学习”。

三、实训

1. 创建自己喜爱的桌面主题，例如用自己的照片作为背景。

2. 自定义在桌面上显示系统图标和常用程序图标，调整图标大小并进行排序。

3. 设置“开始”菜单电源按钮操作为“睡眠”。设置“开始”菜单不显示最近使用的程序，并将自己常用的程序放置到该位置。

提示：在“任务栏和「开始」菜单属性”对话框的“「开始」菜单”选项卡中单击“自定义”按钮，在打开的对话框中设置“要显示的最近打开的程序的数目”为0。选择需要添加到“开始”菜单的应用程序快捷方式图标，将其拖到“开始”菜单处，略作停留后即可将其附到“开始”菜单中。

4. 自定义任务栏属性，更改任务栏按钮显示方式。

5. 利用资源管理器查看机器上有哪些磁盘，各个磁盘的总容量、已用空间、剩余空间分别为多少。

提示：在资源管理器中选中磁盘图标后并右击，在弹出的快捷菜单中选择“属性”命令，在弹出的对话框中查看磁盘容量及使用情况。

6. 利用资源管理器查看 Windows 7 系统目录 C:\Windows，显示所有文件的扩展名，按“详细信息”方式显示目录清单，并按“修改日期”降序排列目录顺序。

7. 在 C 盘根目录创建 KS 文件夹，在 C:\KS 文件夹下创建一个名为 SUB1 的文件夹，并在 SUB1 文件夹中创建名为 SUB2 的文件夹，将 SUB2 文件夹属性设置为“只读”。

8. 在 C:\KS 文件夹下建立名为 Hsz 的快捷方式，该快捷方式对应目标是桌面上的“回收站”。

提示：打开资源管理器，定位到 C:\KS 目录下，选中 Windows 桌面上的“回收站”拖到 C:\KS 下，将“回收站”重命名为 Hsz；或先在桌面上选中“回收站”，通过快捷菜单创建其快捷方式，然后移动到目标位置并修改文件名。

9. 在 C:\KS 文件夹下为“磁盘清理”程序创建一个快捷方式，快捷方式名为 CLEANM，并设置 CLEANM 的快捷键为【Ctrl+Alt+C】，以最大化方式启动。

提示：

（1）选择“开始”→“所有程序”→“附件”→“系统工具”→“磁盘清理”命令，右击“磁盘清理”命令，在弹出的快捷菜单中选择“属性”命令，在弹出的“磁盘清理属性”对话框中查看目标文件名称和路径。

（2）根据“磁盘清理”程序的绝对路径和快捷方式名称在 C:\KS 下新建快捷方式。

（3）选中新建完成的快捷方式并右击，在弹出的快捷菜单中选择“属性”命令，在属性对话框中设置快捷键为【Ctrl+Alt+C】（按住【Ctrl+Alt】组合键不放，再按一下【C】键），运行方式选择“最大化”。

10. 将 C:\Windows\System32 目录下文件大小不超过 10KB，首字母为 s 的 dll 文件复制到 C:\KS 下。

提示：在资源管理器窗口中定位到 C:\Windows\System32，在窗口地址栏右侧的搜索框中输入 s*.dll,单击搜索框添加搜索筛选器，设置大小为“微小(0-10KB)”，选中筛选出的文件复制到 C:\KS。

实验 3 Windows 操作二

一、实验目的

（1）掌握 Windows 7 中常用软件的使用。

（2）掌握 Windows 7 中应用程序的安装与卸载。

（3）掌握 Windows 7 中常用系统工具的使用。

（4）掌握控制面板中常用工具的使用。

二、实验范例

1. 计算器、画图、剪贴板、帮助系统等的使用。

分析：

Windows 7 中的计算器、画图、记事本等软件，操作简单，是用户常用的实用工具。要获取当前应用程序窗口的图形，只需要按【Alt+Print Screen】组合键，或直接按【Print Screen】键获取整个桌面的图像。

操作步骤：

（1）利用计算器将十进制的 58 转换成二进制，并将该画面以 change.bmp 为文件名保存到“C:\学号\学习\”文件夹中。

① 选择“开始”→“所有程序”→“附件”→“计算器”命令，或在“开始”菜单的“搜索程序和文件”文本框中输入 calc，打开“计算器”应用程序，如图 3-1 所示。

② 选择“查看”→“程序员”命令，输入十进制的 58 后，选中“二进制”单选按钮。

图 3-1　计算器

③ 按【Alt+Print Screen】组合键，复制“计算器”应用程序窗口的图形到剪贴板。

④ 选择“开始”→“程序”→“附件”→“画图”命令，或在“开始”菜单的“搜索程

序和文件”文本框中输入 mspaint，打开“画图”应用程序，按【Ctrl+V】组合键，将“计算器”窗口的图形粘贴到“画图”应用程序窗口，选择“文件”→“保存”命令，将结果保存到文件夹“C:\学号\学习”中。

（2）利用 Windows 7 的“帮助和支持”功能找到“创建还原点”的相关信息，复制其内容并粘贴到记事本，以 help.txt 为文件名保存到“C:\学号\学习”文件夹中。

① 选择“开始”→“帮助和支持”命令，打开“Windows 帮助和支持”窗口，在搜索文本框中输入“创建还原点”并按【Enter】键，在结果列表中选择“创建还原点”主题，如图 3-2 所示。选择内容并复制，然后关闭“帮助和支持中心”窗口。

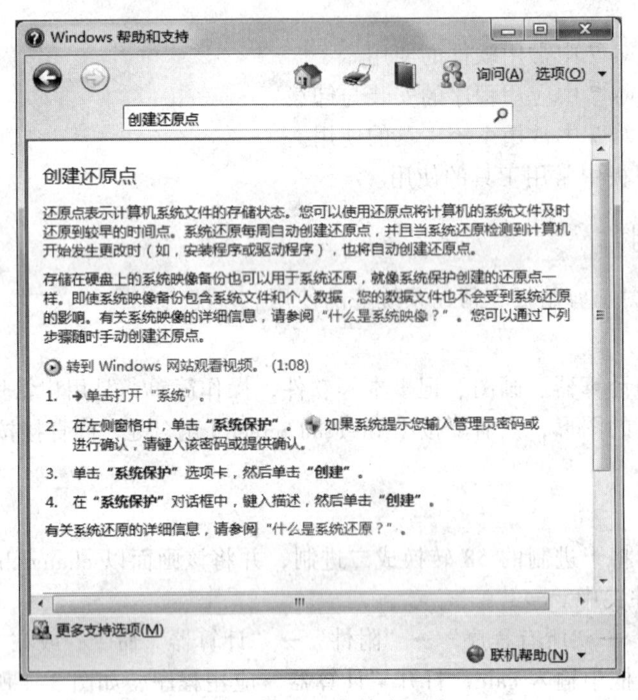

图 3-2　帮助和支持中心窗口

② 选择“开始”→“所有程序”→“附件”→“记事本”命令，打开“记事本”应用程序，粘贴相关内容并保存文件。

2. 安装和卸载应用程序 QQ2013。

分析：

应用软件多数是由用户选择并下载的，而下载的软件在安装后才能使用，软件的安装由安装程序完成。当不再需要该软件时就可以卸载它。卸载软件是指删除某个软件所对应的磁盘文件和注册表相关数据。可以使用软件自带的卸载程序卸载软件，也可以使用控制面板中的“卸载或更改程序”功能卸载软件。

操作步骤：

（1）下载并安装应用程序 QQ2013。

① 启动 IE 浏览器，在地址栏输入网址 http://www.qq.com/，进入 QQ 的官方网站，将 QQ2013Beta4.exe 下载到自己的计算机中。

② 双击 QQ2013Beta4.exe 即可启动 QQ 的安装程序，出现如图 3-3 所示的安装向导。

③ 根据安装向导选择自定义安装选项、安装目录等信息，单击“安装”按钮即开始安装程序。

注意：通常软件的安装程序是 Setup.exe 或 Install.exe。

（2）卸载应用程序 QQ2013。选择“开始”→“所有程序”→“腾讯软件”→QQ2013→“卸载腾讯 QQ”命令，如图 3-4 所示，即可启动卸载程序，删除 QQ 所对应的文件及注册表信息。

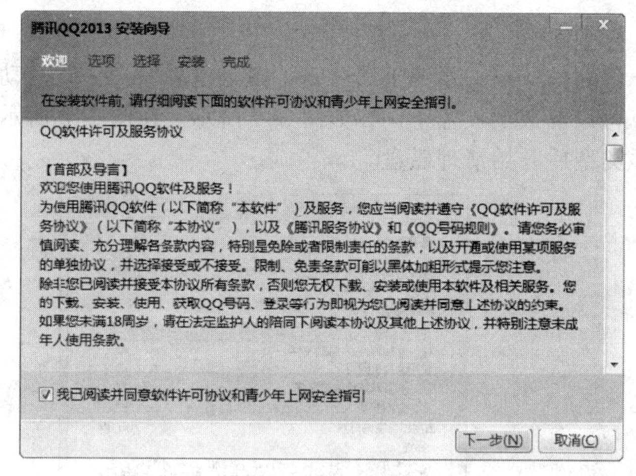

图 3-3 安装向导

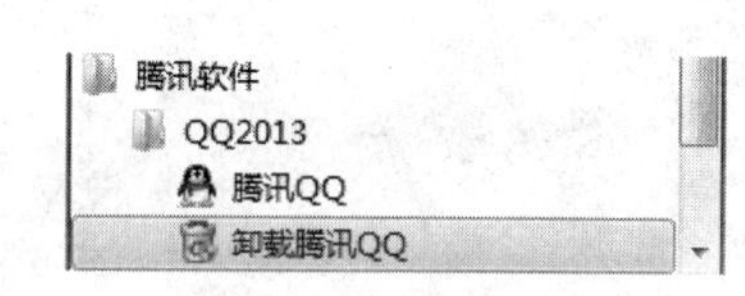

图 3-4 卸载 QQ2013

3. 设置与 MP3 文件关联的应用程序。

分析：对于 Windows 用户而言，可选择相似功能的应用程序的范围很广，当系统中同时安装了多个功能相似的程序后，可使用 Windows 7 的默认程序访问功能，对文件所关联的默认程序进行管理。

操作步骤：

（1）选择“开始”→“默认程序”命令，在打开的窗口中单击“将文件类型或协议与程序关联”超链接，如图 3-5 所示，在文件类型列表中选择 MP3 文件。

（2）单击“更改程序”按钮，在“打开方式”对话框中选择需要的程序，如图 3-6 所示。

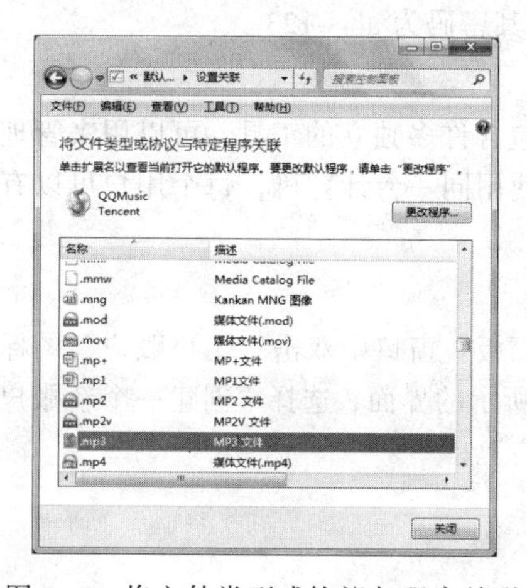

图 3-5 将文件类型或协议与程序关联

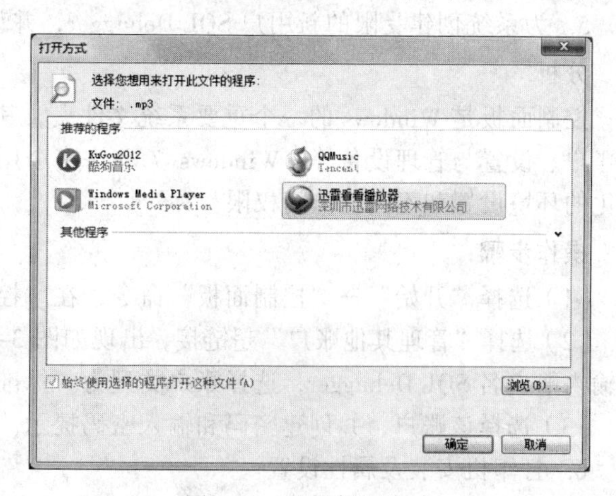

图 3-6 选择打开方式

4. 对计算机的 C 盘进行磁盘清理和磁盘碎片整理。

分析：

Windows 7 提供了多种系统维护工具，常用的有磁盘清理、磁盘碎片整理等。磁盘清理可以清除系统产生的临时文件，节约硬盘空间，提高系统效率，应该经常使用。磁盘碎片整理可以重新安排磁盘的已用空间和可用空间，不但可以优化磁盘的结构，而且可以明显提高磁盘读/写的效率。

操作步骤：

（1）选择“开始”→“所有程序”→“附件”→“系统工具”→“磁盘清理”命令，启动磁盘清理工具，选择 C 盘后系统开始计算可以释放的硬盘空间，如图 3-7 所示。在图 3-8 所示的磁盘清理对话框中，选择要删除的文件类型后开始清理磁盘。

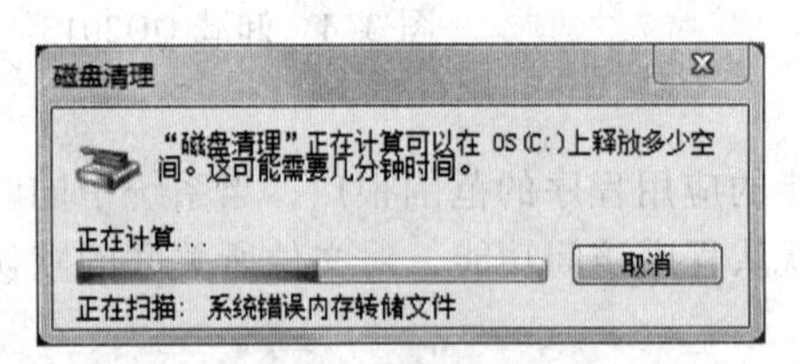

图 3-7 计算硬盘空间

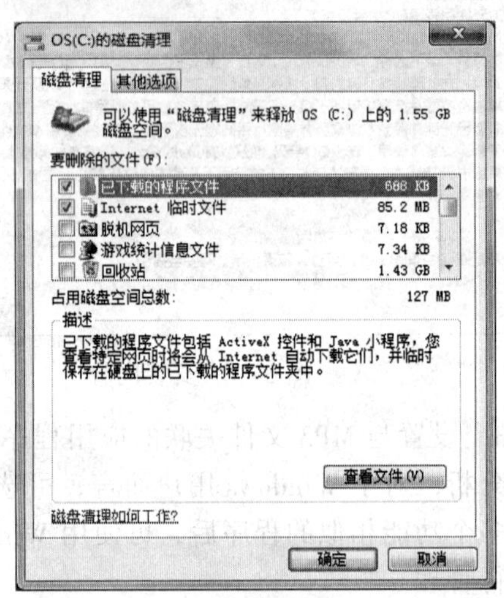

图 3-8 磁盘清理

（2）选择“开始”→“所有程序”→“附件”→“系统工具”→“磁盘碎片整理程序”命令，打开“磁盘碎片整理程序”窗口，选择 C 盘单击“分析磁盘”按钮对磁盘进行分析，单击“磁盘碎片整理”按钮对磁盘的碎片进行整理，如图 3-9 所示。

5. 为系统创建受限的新用户 SQL Debugger，并设置其密码为 abc-123。

分析：

控制面板是 Windows 的一个重要系统文件夹，其中包含许多独立的工具，可以用来管理用户账户、设置与管理设备等。Windows 7 允许多个用户使用同一台计算机，每个用户可以有个性化的环境设置和不同的访问权限。

操作步骤：

（1）选择“开始”→“控制面板”命令，在“控制面板”窗口中双击“用户账户”图标。

（2）选择“管理其他账户”超链接，出现如图 3-10 所示的界面，选择“创建一个新账户”，并输入账户名 SQL Debugger，选择账户类型为“标准账户”。

（3）选择该账户，并创建密码和输入密码提示。

6. 打印机安装及属性设置。

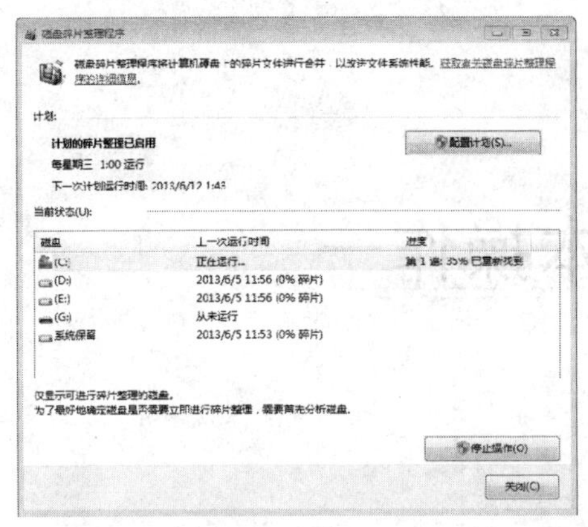
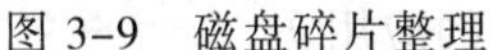

图 3-9　磁盘碎片整理

图 3-10　用户账户

分析：

打印机是计算机常用的输出设备，也是必不可少的办公设备。目前，打印机主要通过 USB 接口与主机连接。

操作步骤：

（1）选择“开始”→“设备和打印机”命令，在窗口的工具栏单击“添加打印机”按钮，打开“添加打印机”对话框。

（2）根据向导选择打印机的类型，如“添加本地打印机”，端口采用默认设置，选择打印机生产厂商及型号，如 Epson LQ-635K。

（3）将打印机命名为 Epson，并选择将此打印机设置为默认打印机。

（4）打印测试页后，即可完成打印机的安装。

（5）右击“设备和打印机”窗口中的打印机，在弹出的快捷菜单中选择“打印首选项”命令，可设置“横向”布局、双面打印等属性。

三、实训

1. 将标准型“计算器”窗口画面复制到“画图”程序，并用单色位图格式以 tu.bmp 为文件名保存到 C:\KS 文件夹中。

提示：

（1）选择“开始”→“所有程序”→“附件”→“计算器”命令，打开“计算器”程序，按【Alt+Print Screen】组合键，将当前活动窗口复制到剪贴板上。

（2）选择“开始”→“所有程序”→“附件”→“画图”命令，打开“画图”程序，按【Ctrl+V】组合键，将剪贴板上的内容粘贴到“画图”程序中。

（3）单击文件按钮，在“文件面板”中选择“另存为”命令，将图片保存在 C:\KS 目录中，文件名为 tu，文件类型选择单色位图，单击“保存”按钮。

2. 将 Windows 7 的“帮助与支持”中关于“安装打印机”的全部帮助信息内容复制到“记事本”，以文件名 help.txt 保存到 C:\KS 文件夹中。

3. 下载 Flash 的安装文件并安装软件到计算机上，卸载系统中不再需要的软件。

4. 利用控制面板设置鼠标的指针方案为“Windows Aero（特大）（系统方案）”。

5. 安装一台打印机并进行设置，打开一文本文件完成虚拟打印操作。

实验 4　Word 基本操作一

一、实验目的

（1）熟悉 Word 工作界面。
（2）掌握 Word 中字符格式、段落格式的设置和中文版式的应用。
（3）掌握 Word 中制表位的设置，页眉、页脚及页码的设置。
（4）掌握 Word 中表格的处理。
（5）掌握 Word 中艺术字、图片、公式、文本框及对象格式的设置方法。
（6）掌握 Word 中查找与替换功能。

二、实验范例

1. 打开配套文件 word_fl1_1.docx，按下列要求进行操作，最终结果如图 4-1 所示。

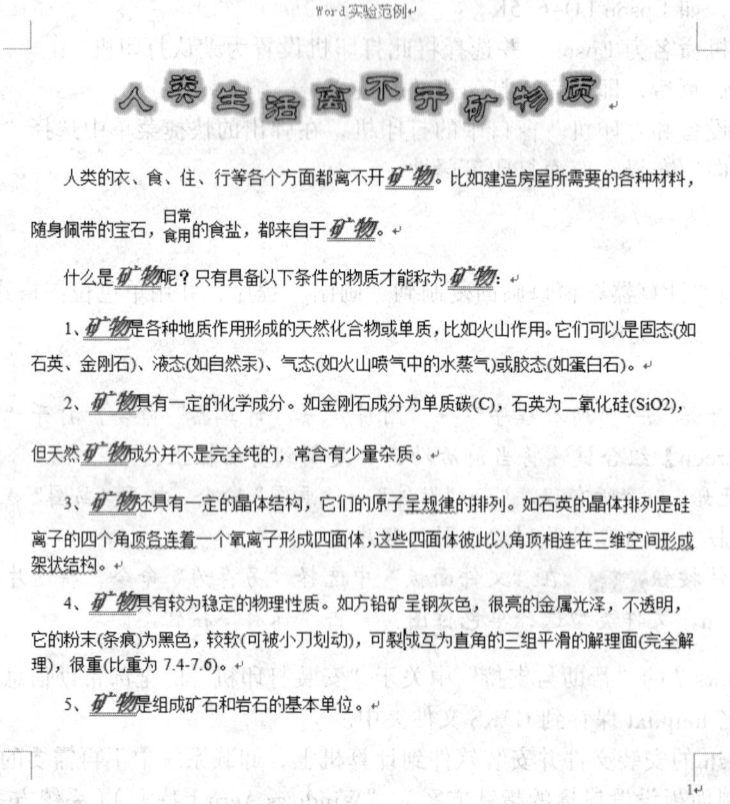

Word实验范例

人类的衣、食、住、行等各个方面都离不开矿物。比如建造房屋所需要的各种材料，随身佩带的宝石，日常食用的食盐，都来自于矿物。

什么是矿物呢？只有具备以下条件的物质才能称为矿物：

1、矿物是各种地质作用形成的天然化合物或单质，比如火山作用。它们可以是固态(如石英、金刚石)、液态(如自然汞)、气态(如火山喷气中的水蒸气)或胶态(如蛋白石)。

2、矿物具有一定的化学成分。如金刚石成分为单质碳(C)，石英为二氧化硅(SiO2)，但天然矿物成分并不是完全纯的，常含有少量杂质。

3、矿物还具有一定的晶体结构，它们的原子呈规律的排列。如石英的晶体排列是硅离子的四个角顶各连着一个氧离子形成四面体，这些四面体彼此以角顶相连在三维空间形成架状结构。

4、矿物具有较为稳定的物理性质。如方铅矿呈钢灰色，很亮的金属光泽，不透明，它的粉末(条痕)为黑色，较软(可被小刀划动)，可裂成互为直角的三组平滑的解理面(完全解理)，很重(比重为 7.4-7.6)。

5、矿物是组成矿石和岩石的基本单位。

1

图 4-1　word_fl1_1.docx 范例样张

分析：

Word 中的字体样式和段落格式通常在“开始”功能区的“字体”和“段落”分组中进行设置。在“开始”功能区，通过单击“字体”分组中的“拼音指南”按钮，可以设置字符的拼音。通过选择“段落”分组“中文版式”按钮下拉面板中的相应命令，可以实现合并字符、双行合一等功能。文本转换成表格可通过单击“插入”功能区“表格”分组中的“表格”按钮，在弹出的面板中选择“文本转换成表格”命令实现；而表格转换成文本可通过“表格工具/布局”功能区“数据”分组中的“转换为文本”按钮实现。在“开始”功能区的“编辑”分组中，通过“查找”、“替换”、“选择”等按钮可以实现查找、替换及文档对象的选取操作。在文档中添加“页眉”或“页脚”，可在“插入”功能区的“页眉和页脚”分组中进行设置。

操作步骤：

（1）将标题文本设置为空心效果，字符间距加宽 3 磅；按照图 4-1 对文字提升、降低各 6 磅；设置红色、外发光的文字效果并居中显示；设置“日常食用”的中文版式为“双行合一”。

① 选中标题，在“开始”功能区的“字体”分组中单击右下角的“对话框启动器”按钮，弹出“字体”对话框（也可以右击对象，在弹出的快捷菜单中选择“字体”命令打开。）。

② 在“字体”对话框的“字体”选项卡中设置字体为“华文隶书”、小一号、加粗，在“高级”选项卡中将字符间距设置为加宽 3 磅；单击“文字效果”按钮，在打开的“设置文本效果格式”对话框中设置文本的填充和边框效果，将其设置为空心字。

③ 单独选中“类”字，在“字体”对话框的“高级”选项卡中设置“位置”提升“6 磅”，以同样的方法设置“活”字的“位置”降低“6 磅”，再用格式刷复制格式到其他需要设置的文字上。

④ 选中标题文本（注意不要选中段落标记），在“字体”对话框的“高级”选项卡中单击“文字效果”按钮，打开“设置文本效果格式”对话框，选中左侧的“发光和柔化边缘”选项，在右侧设置红色、外发光的文字效果；单击“开始”功能区“段落”分组中的“居中”按钮将文字居中显示。

⑤ 选中“日常食用”，单击“开始”功能区“段落”分组中的“中文版式”按钮，在弹出的面板中选择“双行合一”命令，在弹出的“双行合一”对话框中进行设置，并将字号设置为“小二”。

（2）对段落进行拆分、移动，并设置段落首行缩进。

① 将光标移至第一段中的“什么是矿物”前，按【Enter】键，完成分段操作。

② 选中最后一段，拖动至第二段下方，释放鼠标完成段落的移动。

③ 选中所有正文段落，单击“开始”功能区“段落”分组中的“对话框启动器”按钮，打开“段落”对话框，在“缩进和间距”选项卡下设置“特殊格式”为“首行缩进”、“2 字符”。

注意：拖动时若按住【Ctrl】键不放，光标处会显示“+”号，可对内容进行复制。

（3）以制表符为分隔符将文本第 3～7 段转换为表格形式，再以“、”号为分隔符转换成文本形式。

① 选中第 3～7 段文本后，单击“插入”功能区“表格”分组中的“表格”按钮，在弹出的面板中选择“文本转换成表格”命令，在打开的“将文字转换成表格”对话框中选择“文字分隔位置”为“制表符”，单击“确定”按钮完成操作。

② 选中表格，单击“表格工具/布局”功能区“数据”分组中的“转换为文本”按钮，在打开的“表格转换成文本”对话框中选中“其他字符”单选按钮，并输入“、”，单击“确定”按钮将表格转回文本，并重新设置首行缩进段落格式。

（4）设置正文中的所有“矿物”两字为红色，加粗、斜体、四号、蓝色的双下画线。

① 将光标定位在正文开始处，单击“开始”功能区“编辑”分组中的“替换”按钮，在“替换”选项卡的“查找内容”下拉列表框中输入“矿物”，在“替换为”下拉列表框中输入“矿物”。

② 单击“更多>>”按钮，展开显示更多选项，单击下方的“格式”按钮，选择“字体”命令，设置替换内容的格式后单击“确定”按钮。然后，逐次单击“替换”按钮，逐个替换字体格式（注意，不要使用“全部替换”，否则标题中的文字将被替换掉）。

注意：在设置替换格式的时候，一定要先将光标定位到“替换为”下拉列表框内，然后依次单击“更多>>”按钮、“格式”按钮，使用“字体”命令进行设置。要取消内容的格式，可单击“不限定格式”按钮。

（5）设置小五号、宋体、居中对齐的页眉“Word 实验范例”，并在页脚右端添加页码。

① 单击“插入”功能区“页眉和页脚”分组中的“页眉”按钮，在弹出的面板中选择“编辑页眉”命令，使页眉处于编辑状态后，输入“Word 实验范例”，并按要求设置字体和对齐方式。

② 单击“插入”功能区“页眉和页脚”分组中的“页码”按钮，在弹出的面板中选择“页面底端”→“普通数字 3”选项，完成页码设置。

2. 打开文件 word_fl1_2.docx，按下列要求进行操作，最终结果如图 4-2 所示。

《乐器小常识》

常见乐器小常识

我们平常所见过的乐器非常多，下面是几种常见乐器的一些常识介绍：

小提琴：是弓弦乐器，木制，分琴弦颈和琴身两部分，全长约600毫米，琴身长约355毫米。有4根弦。它音色优美，音域宽广，表现力强，是独奏，重奏和管弦乐队的重要乐器。

电子琴：是现代科学技术的产物。它可以模仿不同乐器的音色，如长笛，黑管，小号，圆号，钢琴和提琴等；同时还能弹出自动节奏和效果，能演奏进行曲，圆舞曲，迪斯科，摇滚乐等多种舞曲节奏。音域较宽，和声丰富，甚至可以演奏出一个管弦乐队的效果，表现力及其丰富，他还可以模仿多种音色，甚至可以奏出常规乐器所无法发出的声音(如人声，风雨声等)。

钢琴：是键盘乐器，琴身是木制的，里面有结实的钢板，钢板上张着几十根钢丝弦。琴键有黑和白两排。按动琴键，就会使裹着厚绒的小木槌击弦而发出声音。分为平台式和竖立式两种，是重要的独奏乐器，也常用于伴奏管弦乐队。钢琴高音清脆，中音丰满，低音雄厚，可以模仿整个交响乐的效果。历来受到作曲家的钟爱。在流行，摇滚，爵士以及古典等几乎所有音乐形式中都扮演了重要的角色，被誉为“乐器之王”。

吉他：属于弹拨乐器，通常有六条弦，形状与提琴相似。吉他在流行音乐、摇滚音乐、蓝调、民歌、佛朗明哥中，常被视为主要乐器。而在古典音乐的领域里，吉他常以独奏或二重奏的型式演出。

架子鼓：是爵士乐队中十分重要的一种无音高打击乐器，它通常由一个脚踏的低音大鼓，一个军鼓，两个以上嗵嗵鼓，一个或两个吊镲和一个带踏板的踩镲等部分组成。鼓手用鼓槌击打各部件使其发声。它是组合乐器，需要手脚并用。

图 4-2 word_fl1_2.docx 范例样张

分析：

在“插入”功能区的“插图”分组中，分别单击“图片”、“剪贴画”按钮可以插入图片、剪贴画；通过单击“插入”功能区“文本”分组中的“艺术字”按钮，在弹出的艺术字预设样式菜单中，可以选择并插入不同的艺术字样式。

操作步骤：

（1）插入艺术字“常见乐器小常识”并设置格式。

① 选中文本“常见乐器小常识”，单击“插入”功能区“文本”分组中的“艺术字”按钮，在弹出的艺术字预设样式面板中，选择第一行第一列艺术字样式后，插入艺术字。

② 选中该艺术字，在“绘图工具/格式”功能区的“艺术字样式”分组，设置“文本填充”为白色、“文本轮廓”为黑色，并在“开始”功能区的“字体”分组，设置艺术字字体为黑体、40 磅、加粗。

③ 调整艺术字外框的大小，并使艺术字与全文分散对齐。然后，选中整行艺术字，在“开始”功能区的“段落”分组，单击“下框线”按钮右侧的下拉三角按钮，在弹出的面板中选择“边框和底纹”命令，在打开的“边框和底纹”对话框中，设置上下双线边框、灰色为 15%的底纹。

（2）单击“开始”功能区“编辑”分组的“替换”按钮，将正文中所有的“乐器”二字改格式为粗斜体、红色，加着重号。

（3）在“开始”功能区的“字体”和“段落”分组进行相关设置，将全文两端对齐，并设置每段起始若干字符为黑体、加粗、四号，加灰色为 15%的底纹。

（4）在“插入”功能区的“插图”分组中单击“图片”按钮插入图片 violin.jpg；选中插入的图片，在“图片工具/格式”功能区的“大小”分组中单击“对话框启动器按钮”，打开“布局”对话框，在“大小”选项卡下设置图片的宽、高分别为 4.0cm 和 2.5cm，并取消选择“锁定纵横比”复选框。再以同样的方法插入图片 piano.jpg，设置宽、高分别为 2.5cm 和 3.0cm。分别选中两图片，单击“图片工具/格式”功能区“图片样式”分组中的“图片边框”按钮，在弹出的面板中设置 1.5 磅的黑色边框。参照样张，分别选中两图片，单击“图片工具/格式”功能区“排列”分组中的“位置”按钮，在弹出的面板中选择合适的文字环绕方式。

（5）将最后一段文字插入到自选图形圆角矩形中，为该矩形框套用一个形状样式，并设置内部阴影效果。

① 单击“插入”功能区“插图”分组的“形状”按钮，在弹出的面板中选择“圆角矩形”，在页面上用鼠标拖动出一个圆角矩形。右击图形的空白区域，在弹出的快捷菜单中选择“添加文字”命令，并将最后一段文字移入其中。

② 选中圆角矩形，在“绘图工具/格式”功能区的“形状样式”分组，选择预设的“细微效果-水绿色，强调颜色 5”样式。

③ 选中圆角矩形，在“绘图工具/格式”功能区的“形状样式”分组中单击“形状效果”按钮，在弹出的面板中选择“内部居中”的阴影效果。

（6）设置页眉文字“《乐器小常识》”为宋体、小四、右对齐。

三、实训

1. 打开配套的 word1_1.docx 文件，按下列要求和图 4-3 所示样式制作课程表，结果以文件名 wordsy1_1.docx 保存在自己的文件夹中。

某某学院

课程表

时间 \ 星期		一	二	三	四	五
上午	1 2	高数	英语	高数（单）	体育	修养
	3 4	制图	普化	制图（双）	英语	高数
下午	5 6	普化实验	实习 | 班会	听力	普化（单）	
	7 8			计算机		

图 4-3　word1_1.docx 实训样张

（1）插入并修改表格。

（2）在表格第一行左侧插入图像 Image1.gif。

（3）插入艺术字“某某学院”，艺术字样式为“暖色粗糙棱台”，华文行楷、20 磅、粗体，并调整艺术字位于表格第一行中间。

（4）在表格第二行插入标题“课程表”，设置为黑体、四号、蓝色、加粗、空心效果。

（5）在表格第二、三行添加灰色为 15%底纹。

提示：根据样张效果，可以插入 1 个 7 行 6 列的表格，然后通过拆分、合并单元格制作课程表。其中左上角“时间”和“星期”的斜线，可以通过单击“开始”功能区“段落”分组中的“下框线”按钮，在弹出的面板中选择“斜下框线”命令完成。

2. 打开配套的 word1_2.docx 文件，按下列要求和图 4-4 所示样式操作，结果以文件名 wordsy1_2.docx 保存在自己的文件夹中。

“开普勒”行星运动定律

开普勒定律：也统称“开普勒三定律”，也叫“行星运动定律”，是指行星在宇宙空间绕太阳公转所遵循的定律。由于是德国天文学家开普勒根据丹麦天文学家第谷·布拉赫等人的观测资料和星表，通过他本人的观测和分析后，于 1609—1619 年先后早归纳提出的，故行星运动定律即指开普勒三定律。

开普勒定律是开普勒发现的关于行星运动的定律。他于 1609 年在他出版的《新天文学》上发表了关于行星运动的两条定律，又于 1618 年，发现了第三条定律。开普勒很幸运地能够得到著名丹麦天文学家第谷·布拉赫 20 多年所观察与收集的非常精确的天文资料。大约于 1605 年，根据布拉赫的行星位置资料，沿用哥白尼的匀速圆周运动理论，通过 4 年的计算发现第谷观测到的数据与计算有 8′的误差，开普勒坚信第谷的数据是正确的，从而他对“完美”的神运动（匀速圆周运动）发起质疑，经过近 6 年的大量计算，开普勒得出了第一定律和第二定律，又经过 10 年的大量计算，得出了第三定律。开普勒的定律给予亚里士多德派与托勒密派在天文学与物理学上极大的挑战。他主张地球是不断地移动的；行星轨道不是周转圆(epicycle 的，而是椭圆形的；行星公转的速度不等恒。这些论点，大大地动摇了当时的天文学与物理学。经过了几乎一世纪披星戴月，废寝忘食的研究，物理学家终于能够用物理理论解释其中的道理。牛顿利用他的第二定律和万有引力定律，在数学上严格地证明开普勒定律，也让人们了解其中的物理意义。

开普勒定律是关于行星环绕太阳的运动，而牛顿定律更广义的是关于几个粒子因万有引力相互吸引而产生的运动。在只有两个粒子，其中一个粒子超轻于另外一个粒子，这些特别状况下，轻的粒子会环绕重的粒子移动，就好似行星根据开普勒定律环绕太阳的移动。然而牛顿定律还容许其他解答，行星轨道可以呈抛物线运动或双曲线运动。这是开普勒定律无法预测到的。在一个粒子并不超轻于另外一个粒子的状况下，依照广义二体问题的解答，每一个粒子环绕它们的共同质心移动。这也是开普勒定律无法预测到的。

图 4-4　word1_2.docx 实训样张

（1）设置标题“‘开普勒’行星运动定律”为艺术字对象，采用艺术字库中“金属棱台”的艺术字样式，文字轮廓为深红色，填充为紫色，字体设为楷体、36 号、加粗；艺术字形采用“波形 1”；高度为 2cm。

（2）将正文各段首行缩进 0.75cm；为正文第一段加上蓝色边框，线宽 3 磅；“右下斜偏移”的外阴影；并做 20%的图案填充。

（3）在第二段中，将“定律”字体设置为楷体、加粗、倾斜、小四号、加着重号；将“运动理论”进行组合（合并字符），组合字体大小为 11 磅。

（4）在文中插入图片 sy2.jpg，调整图片大小，并设置为“四周型”图文环绕混排。

（5）在文中插入“科技”类别中的剪贴画。编辑剪贴画，将地球背景改为红色，复制并将其水平翻转后，设置为“四周型”图文环绕方式，并置于末段两侧。

提示：

① 右击剪贴画，在弹出的快捷菜单中选择“组合”→“取消组合”命令，确定将其转换为 Microsoft Office 图形对象后，右击“地球”区域的绿色背景部分，在弹出的快捷菜单中选择“设置形状格式”命令，打开“设置形状格式”对话框，在“填充”选项中设置填充色为红色。

② 选中图形对象，按【Ctrl+A】组合键后右击，在弹出的快捷菜单中选择“组合”→“组合”命令。

③ 单击“绘图工具/格式”功能区“排列”分组中的“位置”按钮，在弹出的面板中选择相应的命令，设置“四周型”文字环绕方式。

④ 复制图形对象（选中图形对象外框后按【Ctrl+C】、【Ctrl+V】组合键），选中图形对象副本，在“绘图工具/格式”功能区的“排列”分组中单击“旋转”按钮，在弹出的面板中选择“水平翻转”命令，实现剪贴画的翻转。

实验 5　Word 基本操作二

一、实验目的

（1）掌握 Word 中首字下沉、分栏排版的设置。

（2）掌握 Word 中边框和底纹、项目符号的使用。

（3）掌握 Word 中标准样式的使用。

（4）掌握 Word 中图文混排的方法。

（5）了解长文档编排方法。

二、实验范例

1. 打开配套的文件 word_fl2_1.docx，按下列要求操作，使最终结果如图 5-1 所示。

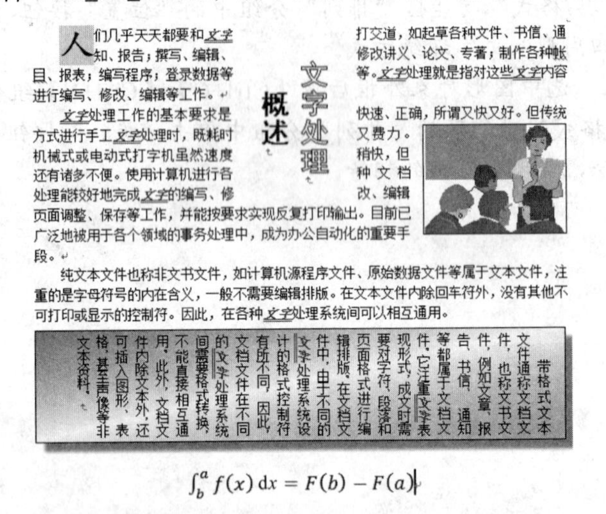
人们几乎天天都要和文字知、报告；撰写、编辑、目、报表；编写程序；登录数据等进行编写、修改、编辑等工作。

文字处理工作的基本要求是方式进行手工文字处理时，既耗时机械式或电动式打字机虽然速度还有诸多不便。使用计算机进行各处理能较好地完成文字的编写、修

概述

文字处理

打交道，如起草各种文件、书信、通修改讲义、论文、专著；制作各种帐等。文字处理就是指对这些文字内容

快速、正确，所谓又快又好。但传统又费力。稍快，但种文档改、编辑

页面调整、保存等工作，并能按要求实现反复打印输出。目前已广泛地被用于各个领域的事务处理中，成为办公自动化的重要手段。

纯文本文件也称非文书文件，如计算机源程序文件、原始数据文件等属于文本文件，注重的是字母符号的内在含义，一般不需要编辑排版。在文本文件内除回车符外，没有其他不可打印或显示的控制符。因此，在各种文字处理系统间可以相互通用。

带格式文本文件通称文档文件，也称文书文件，例如文章、报告、书信、通知等都属于文档文件，它注重文字表现形式，成文时需要对字符、段落和页面格式进行编辑排版。在文档文件中，由于不同的文字处理系统设计的格式控制符有所不同，因此，文档文件在不同的文字处理系统间需要格式转换，不能直接相互通用。此外，文档文件内除文本外，还可插入图形、表格，甚至声像等非文本资料。

$$\int_b^a f(x)\,\mathrm{d}x = F(b) - F(a)$$

图 5-1　word_fl2_1.docx 范例样张

分析：

通过单击“开始”功能区“字体”和“段落”分组中的相关按钮，可以设置字体和段落的格式。通过选择“页面布局”功能区“页面设置”分组中“分栏”按钮下的各命令，可以对段落进行各种分栏操作。通过选择“插入”功能区“文本”分组中“首字下沉”按钮下的各命令，可以设置段落的首字下沉与悬挂样式。通过选择“插入”功能区“符号”分组中“公式”按钮下的各命令，可在文档中插入数学公式。

操作步骤：

（1）格式化正文为宋体、五号，首行缩进 2 字符。

（2）将文档第二段首字下沉 2 行，下沉字设置为楷体、加粗、深蓝色，并设置底纹效果。

① 定位光标于第二段的任何位置（可以不选中文本），在“插入”功能区的“文本”分组中单击“首字下沉”按钮，在弹出的面板中选择“首字下沉选项”命令，在打开的“首字下沉”对话框中进行相应设置。

② 选定首字符，在“开始”功能区的“字体”分组，设置首字符为楷体、加粗、深蓝色，并添加字符底纹。

（3）取消第四段分栏。定位光标于第四段，在“页面布局”功能区的“页面设置”分组中单击“分栏”按钮，在弹出的面板中选择“一栏”，取消分栏。

（4）选中第一段文字“文字处理概述”，在“插入”功能区的“文本”分组中单击“文本框”按钮，在弹出的面板中选择“绘制竖排文本框”命令；将竖排后的标题文本移动到第二、三段中间，并设置文字为黑体、二号、加粗，部分文字为空心效果，按样张对齐，并去掉文本框的外框线。

（5）插入图像 Image2.wmf，设置图像高度为 3cm，并为该图像加黑色框线。

（6）将正文中所有的“文字”二字的格式设置成加粗、斜体、红色、双下画线。

（7）将最后一段文字插入到竖排文本框中，添加“左上到右下”的“雨后初晴”渐变填充（需要添加并调整渐变光圈）和“右下斜偏移”的外阴影效果，阴影距离为 10 磅。

（8）在“插入”功能区的“符号”分组中单击“公式”按钮，在弹出的面板中选择相应的命令，插入如样张所示的公式，并居中对齐。

2. 打开配套文件 word_fl2_2.docx，按下列要求进行长文档编排。

分析：

长文档编排通常应包括各级标题的设置，插入图片、脚注，设置页眉、页脚，制作目录和封面。通过单击“开始”功能区“样式”分组中的“对话框启动器”按钮，打开“样式”任务窗格，选择其中的样式可以快速对文档进行格式化，这也是生成目录所必需的。在“页面布局”功能区“页面设置”分组中单击“分隔符”按钮，在弹出的面板中选择相应的命令可以插入“分页符”或“分节符”。文档分页可以确保每个章（或节）标题总是从新的一页开始，而文档分节则可确保每个分节内容中的行号、分栏数或页眉页脚、页边距等特性都在同一节内统一。

操作步骤：

（1）将各级标题的格式按表 5-1 所示的要求进行修改。

表 5-1 长文档编排格式

内 容	样 式	字 体	字号	段前	段后	行距	对齐	大纲级别
大标题 如第 2 章	标题 1 编号后加 2 个汉字空格	中文：黑体 西文：Arial	二号 粗体	6 磅	6 磅	单倍	居中	1 级
下级 如 2.1	标题 2 编号后加 1 个汉字空格	中文：黑体 西文：Arial	三号 粗体	3 磅	3 磅	单倍	两端 对齐	2 级
再下级 如 2.1.1	标题 3 编号后加 1 个汉字空格	中文：黑体 西文：Arial	四号 粗体	3 磅	3 磅	单倍	两端 对齐	3 级

① 在“开始”功能区的“样式”分组中单击“对话框启动器”按钮，打开“样式”任务

窗格；将鼠标悬浮在“标题 1”上，单击右侧的“向下展开”箭头，在弹出的面板中选择“修改”命令，在打开的“修改样式”对话框中，按上述要求修改“标题 1”的样式。

② 定位光标于大标题中，在“样式”任务窗格中选择“标题 1”，即可应用该样式。

③ 用同样的方法设置“标题 2”、“标题 3”的样式，并应用到相应标题中。

④ 在“视图”功能区的“文档视图”分组中单击“大纲视图”按钮，进入“大纲视图”模式，显示 3 级以上标题。

（2）如图 5-2 所示，在文档内图 2.1 所在的位置插入一个文本框，将图 2.1 及下方的图题移入文本框内。去掉文本框的边框线及填充，并设置为嵌入型或四周型。用同样的方法设置文档内的图 2.2～图 2.4。文中所有图、表标题文字居中、小五号。

图 2.1 太阳系结构图

图 5-2　使用文本框插入图片

（3）在文中插入脚注。

① 将光标置于原文 2.2.2 节第 1 句“……核聚变产生了。”后，在“引用”功能区的“脚注”分组中单击“插入脚注”按钮；然后单击“对话框启动器”按钮，在打开的“脚注和尾注”对话框中，选择脚注位置为“页面底端”，编号格式为“①,②,③…”，编号方式为“每页重新编号”。

② 将括号中的内容移至脚注部分，并删除括号。最后的脚注形式如图 5-3 所示。

①这样就形成恒星的幼体。幼体在漫长的岁月中，或同其他恒星合并，或吞噬漫长的旅途中所遇到的残体，不断发展壮大自身，逐渐成为今天的太阳。

2

图 5-3　脚注

（4）设置页眉、页脚。

① 在“插入”功能区的“页眉和页脚”分组中单击“页眉”按钮，在弹出的面板中选择相应的命令，设置页眉为“《毕业论文》”，左对齐，并加一条下框线；单击“页脚”按钮，在弹出的面板中选择相应的命令，在页脚处插入页码，居中对齐。

② 在“页面布局”功能区的“页面设置”分组中单击“页边距”按钮，在弹出的面板中选择“自定义边距”命令，在打开的“页面设置”对话框中设置页边距的上、下为 2.5cm，左、右为 3cm，页眉、页脚为 2cm。

（5）制作目录。

① 将光标定位在文末，在“页面布局”功能区的“页面设置”分组中单击“分隔符”按

钮，在弹出的面板中选择“分节符：下一页”命令插入下一页，即从该页开始为新的一节。

② 在新页中输入“目录”，设置其格式为黑体、二号、居中对齐，并将“目”、“录”两字的间距适当加宽。

③ 空一行正文高度，在“引用”功能区的“目录”分组中单击“目录”按钮，在弹出的面板中选择“插入目录”命令，在打开的“目录”对话框中设置目录格式为“正式”，生成文章的 3 级目录形式。

④ 设置目录页的页码格式为“i，ii，iii…”样式，“起始页码”设为“i”。

（6）设置水印。在“页面布局”功能区的“页面背景”分组中单击“水印”按钮，在弹出的面板中选择“自定义水印”命令，在打开的“水印”对话框中选中“图片水印”单选按钮，选择“天华.jpg”文件，并选中“冲蚀”复选框，完成水印制作。

（7）制作封面。

① 重复前述（5）制作目录①中的步骤，在一个新节中插入下一页。

② 在新页中的第一行输入“分类号__________班级__________”，在第二行输入“U D C __________编号__________”，两端对齐，字体为仿宋、四号。

③ 在页面上部输入“某某学院学士学位论文”，设置为宋体、二号，居中对齐。

④ 在页面中部输入“太阳系研究与发现”，设置为楷体、一号，居中对齐。

⑤ 在页面下部分 3 行，输入“学生姓名：× × ×”、“指导教师：× × ×”、“专业名称：× × ×”，设置为宋体、四号，居中对齐。

⑥ 在页面底部输入当前的年月日，设置为楷体、三号，居中对齐。

三、实训

1. 打开配套的 word2_1.docx 文件，按下列要求和图 5-4 所示样式进行操作，结果以文件名 wordsy2_1.docx 保存在自己的文件夹中。

绿色蔬菜是指遵循可持续发展的原则，在产地生态环境良好的前提下，按照特定的质量标准体系生产，并经专门机构认定，允许使用绿色食品标志的无污染的安全、优质、营养类蔬菜的总称。

蔬菜中所含的诸多维生素都发现与防癌有关，例如绿色蔬菜中富含的维生素 C 可抑制致癌物质亚硝胺的合成，胡萝卜素是维生素 A 的前体，维生素 A 是维护上皮细胞正常分化，防止恶变的重要成分。维生素 E 及维生素 B 的大家族对维持机体的免疫功能和酶的代谢也发挥重要作用。

- 十字花科植物：这类蔬菜多以其茎、叶食用，如大白菜、小白菜、卷心菜、花菜、油菜等。中医认为性味多偏凉，清热解毒作用明显。
- 根茎类蔬菜：如胡萝卜、萝卜、竹笋、红薯等。含纤维多，中医称有利膈宽肠、降逆理气功效。
- 海藻类植物：如海带、紫菜、昆布等食品。中医认为性味多属咸寒，具有软坚散结功能。
- 食用菌类：如香菇、草菇、金针菇等以及黑木耳、银耳等，富含多糖类及核糖核酸，促进细胞免疫和干扰素的生成。中医认为多性平、味甘，有补气、化痰作用，常是扶正与祛邪兼而有之。

图 5-4　word2_1.docx 实训样张

（1）将标题“绿色蔬菜”改为如样张所示的艺术字，艺术字字体为隶书、40 磅、加粗。设置艺术字文本的转换效果为“正梯形”，文本的填充为“彩虹出岫 II”的渐变填充，文本的阴影效果为“右上对角透视”。

（2）将正文中所有的“蔬菜”（标题除外）改为带粗下划波浪线的蓝色、加粗字体。

（3）取消正文第一段的字符缩放；将第一、二段首行缩进 2 个字符，第一段的段前间距调整为 12 磅。

（4）将第二段首字下沉 2 个字符，并设置为带分隔线的两栏。在第二段末插入图片 shucai.jpg，设置其高度为 2.5cm、宽度为 3.3cm，应用四周型版式并调整位置。

提示：

① 对段落既要设置首字下沉，又要设置分栏效果时，应先分栏再设置首字下沉。

② 对段落既要设置首字下沉，又要首行缩进时，应先设置首行缩进再设置首字下沉。

（5）为正文最后四段加项目符号 ↓，并设置这些段落左缩进 0.3cm，悬挂缩进 1cm。

2. 打开配套的 word2_2.docx 文件，按下列要求和图 5-5 所示样式进行操作，结果以文件名 wordsy2_2.docx 保存在自己的文件夹中。

使他人也能使用 Web 页

如果想使他人在您的网络上得到 Web 页，请将您的 Web 页和相关文件（比如图片）保存到某一网络位置，如果您所在单位在使用基于 Internet 协议的 Intranet，您可能需要将 Web 页复制到网络服务器。详细内容，请与您的网络管理员联系。

如果使他人能在“全球广域网”上访问到您的 Web 页，您或者需要找到为 Web 页分配空间的 Internet 服务供应商，或者需要在您的计算机中安装网络服务器软件。将您的计算机设为网络服务器时要考虑计算机的速度和充裕程度。如果您不想让计算机多数时间或整天都闲置，也就不要将计算机设置为网络服务器。

如果您身边有 Internet 服务供应商或网络管理员，就应该咨询怎样在服务器上制定 Web 页、图形文件和其他文件的结构。例如，确定是否需要为项目符号和图片分别创建文件夹，或是否需要在同一位置储存所有的文件。如果您打算使用窗体或图像映射，应该咨询有关使用这些项目时的限制，因为该项目需要其他服务器支持。

即使 Web 页在您的屏幕上以一种形式出现，对其他的读者来说可能就不一样，特别是在全球广域网上阅读时。不同浏览器的 Web 页读者常常使用不同的操作系统。应该设计一种版式，使之在大多数或所有环境中都可以阅读。

学号姓名

图 5-5　word2_2.docx 实训样张

（1）将最后一个自然段中的文字插入到左侧标题栏中，楷体、二号、蓝色、空心效果，添加艺术型图案边框，线条宽度为 4.5 磅。

提示：标题栏使用竖排文本框制作，设置文本框的轮廓线为“圆点”虚线，线宽为 4.5 磅，线条颜色为“红日西斜”的渐变色。选中竖排文本框，在“绘图工具/格式”功能区“形状样式”分组中单击“形状轮廓”按钮，在弹出的面板中选择相应的命令完成。

（2）格式化全文为宋体、五号、首行缩进 2 字符，第二、四段文字段前为 6 磅。

（3）将第一段文字插入到一个剪去对角的矩形框中，字体为楷体、加粗；并根据样张套用一种填充效果。

（4）将全文中除标题外所有的 Web 改成粗体、红色、双下画线。第三段文字分为两栏，插入分隔线。

（5）在第四段末插入图像 Image4.jpg，缩小为 50%。

（6）在页眉插入图像 banner.jpg，页脚文字是“学号姓名”，宋体、四号，加上下双线边框线和灰色为 25%底纹。

提示：页脚文字右对齐，为段落添加边框线和底纹；然后在“视图”功能区的“显示”分组中选中“标尺”复选框，调整“标尺”上“首行缩进”和“左缩进”刻度的位置，使边框和底纹调整至最右。

实验 6 Excel 基本操作一

一、实验目的

（1）熟悉 Excel 工作界面。

（2）掌握 Excel 中工作簿操作、工作表编辑。

（3）掌握 Excel 中单元格格式的设置。

（4）掌握 Excel 中公式的编辑，使用系统提供的函数完成运算。

二、实验范例

1. 打开配套文件 excel_fl1_1.xlsx，按下列要求进行操作。

分析：

在 Excel 中复制单元格时，复制了单元格的所有属性，如数值、公式、格式、批注等。通过单击“开始”功能区“剪贴板”分组“粘贴”按钮下方的下拉三角按钮，在弹出的面板中选择相应项可以对单元格的属性进行有选择性的粘贴。使用 Excel 所提供的函数可以对某个区域内的数值进行一系列运算，如分析和处理日期值和时间值、确定贷款的支付额、确定单元格中的数据类型、计算平均值等。

操作步骤：

（1）新建工作表 Sheet4，将 Sheet1 工作表的 A2:E58 单元格区域除批注外复制到 Sheet4 的 A1:E57 单元格区域。

① 单击工作表标签区中的“插入工作表”按钮，新建工作表 Sheet4。

② 在 Sheet1 工作表中拖动鼠标选中 A2:E58 单元格区域并复制，选中 Sheet4 工作表的 A1 单元格，在“开始”功能区的“剪贴板”分组，单击“粘贴”按钮下方的下拉三角按钮，在弹出的面板中选择“选择性粘贴”命令，在打开的“选择性粘贴”对话框中选择“数值”单选按钮，单击“确定”按钮完成粘贴操作。

（2）在 Sheet1 工作表中输入标题“学生第一学期成绩表”，使该标题占据 2 行且在 A1:G2 单元格区域合并居中显示，字体为宋体，字号为 26，加粗，红色。

① 在 A1 单元格输入“学生第一学期成绩表”。

② 右击行号 2，在弹出的快捷菜单中选择“插入”命令，插入一个新行。

③ 拖动鼠标选中 A1:G2 单元格区域，单击“开始”功能区“对齐方式”分组的“合并后居中”按钮，并在“开始”功能区“字体”分组中设置字体为宋体、26 号、加粗、红色。

（3）对 Sheet1 工作表中成绩大于或等于 90 的分数用红色粗体表示。

① 选中分数区域 C4:E58，在“开始”功能区的“样式”分组中单击“条件格式”按钮，在弹出的面板中选择“新建规则”命令。

② 在打开的“新建格式规则”对话框中，选择规则类型为“只为包含以下内容的单元格设置格式”，规则说明为“单元格值大于或等于 90”，单击“格式”按钮，在打开的“设置单元格格式”对话框中设置格式为红色、粗体。

（4）将 Sheet1 工作表中 F3 单元格的内容改为“性别”，在 F4:F58 单元格区域添加性别数据，数据来源为 Sheet3 工作表的 B3:BD3 单元格区域；将 B17（黄敏）单元格的批注信息移到 B7（谢小号）单元格，并显示该批注。

① 选中 F3 单元格，将内容改为“性别”。打开 Sheet3 工作表，选中 B3:BD3 单元格区域，单击“开始”功能区“剪贴板”分组中的“复制”按钮；回到 Sheet1 工作表，选中 F4 单元格，在“开始”功能区的“剪贴板”分组，单击“粘贴”按钮下方的下拉三角按钮，在弹出的面板中选择“粘贴”栏的“转置”按钮，完成转置粘贴操作。

② 右击 B17 单元格，在弹出的快捷菜单中选择“复制”命令，右击 B7 单元格，在弹出的快捷菜单中选择“选择性粘贴”命令，在打开的“选择性粘贴”对话框中选择“批注”单选按钮。右击 B17 单元格，在弹出的快捷菜单中选择“删除批注”命令；右击 B7 单元格，在弹出的快捷菜单中选择“显示/隐藏批注”命令。

（5）统计各门课的最高成绩，分别存入 C59、D59、E59 单元格。选中 C59 单元格，在“开始”功能区的“编辑”分组，单击“求和”按钮右侧的下拉三角按钮，在弹出的面板中选择“最大值”命令，选取数据范围为 C4:C58，然后将 C59 的自动填充柄向右拖动至 E59。

（6）计算奖学金。要求：3 门课程中有一门为最高分的奖学金为 500 元，其他为 200 元，所有金额数据前显示文字“人民币”并调整列宽。

① 选中 G4 单元格，在编辑栏中输入“=IF(OR(C4=$C$59,D4=$D$59,E4=$E$59),500,200)”，将 G4 的自动填充柄向下拖动至 G58。

② 选中 G4:G58 单元格区域，单击“开始”功能区“单元格”分组中的“格式”按钮，在弹出的面板中选择“设置单元格格式”命令，在打开的“设置单元格格式”对话框的“数字”选项卡下选择“自定义”分类选项，在右侧的“类型”文本框中输入“人民币 0”。

注意：C59、D59、E59 单元格存放最高分，不能在自动填充时发生改变，所以公式中要使用绝对引用。“或”函数格式为：OR(判断 1,判断 2,...)，只要有一个判断成立，就返回“真”；条件函数格式为：IF(判断,值 1,值 2)，当判断值为真时返回值 1，当判断值为假时返回值 2。

（7）给整个工作表数据区域设置粗外边框线和细内边框线。选中 A1:G59 单元格区域，在“开始”功能区“字体”分组，单击“边框”按钮右侧的下拉三角按钮，在弹出的面板中选择“其他边框”命令，在打开的“设置单元格格式”对话框的“边框”选项卡下选中线条样式并设置外边框和内边框。

2. 打开配套文件 excel_fl1_2.xlsx，按下列要求和图 6-1 所示样式进行操作。

分析：

Excel 中的公式必须用“=”引导，对于公式中的地址要注意区分相对引用、绝对引用和混合引用。

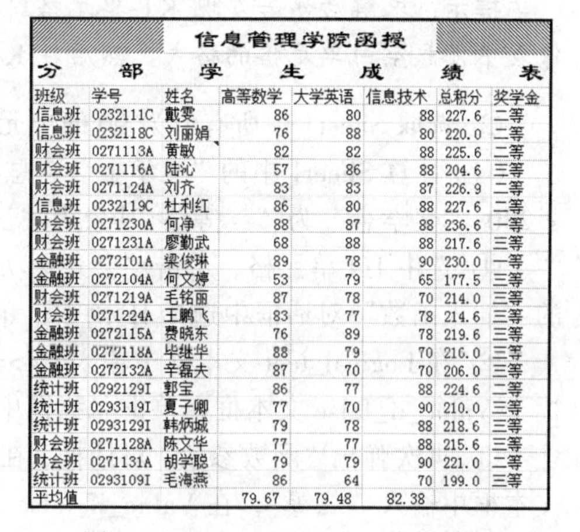

信息管理学院函授

分　部　学　生　成　绩　表

班级	学号	姓名	高等数学	大学英语	信息技术	总积分	奖学金
信息班	0232111C	戴雯	86	80	88	227.6	二等
信息班	0232118C	刘丽娟	76	88	80	220.0	二等
财会班	0271113A	黄敏	82	82	88	225.6	二等
财会班	0271116A	陆沁	57	86	88	204.6	三等
财会班	0271124A	刘齐	83	83	87	226.9	二等
信息班	0232119C	杜利红	86	80	88	227.6	二等
财会班	0271230A	何净	88	87	88	236.6	一等
财会班	0271231A	廖勤武	68	88	88	217.6	三等
金融班	0272101A	梁俊琳	89	78	90	230.0	一等
金融班	0272104A	何文婷	53	79	65	177.5	三等
财会班	0271219A	毛铭丽	87	78	70	214.0	三等
财会班	0271224A	王鹏飞	83	77	78	214.6	三等
金融班	0272115A	费晓东	76	89	78	219.6	三等
金融班	0272118A	毕继华	88	79	70	216.0	三等
金融班	0272132A	辛磊夫	87	70	70	206.0	三等
统计班	0292129I	郭宝	86	77	88	224.6	二等
统计班	0293119I	夏子卿	77	70	90	210.0	三等
统计班	0293129I	韩炳城	79	78	88	218.6	三等
财会班	0271128A	陈文华	77	77	88	215.6	三等
财会班	0271131A	胡学聪	79	79	90	221.0	二等
统计班	0293109I	毛海燕	86	64	70	199.0	三等
平均值			79.67	79.48	82.38		

图 6-1　excel_fl1_2.xlsx 范例样张

可以为多个单元格组成的区域命名并使用该命名区域。IF 函数默认为 2 个分支，对于多分支可用嵌套 IF 函数完成计算。嵌套 IF 函数操作方法：当光标置于 Value_if_false 文本框后，单击名称框中的“IF”，即可产生嵌套 IF 函数，如图 6-2 所示。

IF	✕ ✓ fx	=IF(G4>=230,"一等",IF())

图 6-2　IF 函数嵌套

操作步骤：

（1）在 Sheet1 工作表中第一行下方插入一行，将“分部学生成绩表”移动到新的 A2 单元格中，并在 A1:H2 单元格区域按样张排列：A1 中的“信息管理学院函授”移动到 C1，然后将 C1:F1 合并居中；A1:B1、G1:H1 填充图案样式为“细对角线条纹”；A2:H2 合并且分散对齐。标题字体格式设置为 20 磅、隶书。

（2）计算 Sheet1 工作表中的“总积分”，总积分=高等数学+大学英语+信息技术×系数（在 J1 单元格中）；并计算 Sheet1 工作表中的各项平均值。

① 选中 G4 单元格，在编辑栏中输入“=D4+E4+F4*J$1”，设置数据格式为保留一位小数，将 G4 的自动填充柄向下拖动至 G24。

② 选中 D25 单元格，在“开始”功能区的“编辑”分组，单击“求和”按钮右侧的下拉三角按钮，在弹出的面板中选择“平均值”命令，选取数据范围为 D4:D24，设置数据格式为保留两位小数，然后将 D25 的自动填充柄向右拖动至 F25。

注意：计算总积分时，由于“系数”在 J1 单元格中，故使用混合地址引用单元格 J1，采用 J$1 形式使行号保持不变。

（3）在 Sheet1 工作表的 K1 单元格中计算“抽样”区域的最大值。在 Sheet1 中选取所有分数为 90 的数据，并将该区域命名为“高分值”。

① 选中 K1 单元格，在“开始”功能区的“编辑”分组，单击“求和”按钮右侧的下拉三角按钮，在弹出的面板中选择“最大值”命令，单击“公式”功能区“定义的名称”分组中的“用于公式”按钮，在弹出的面板中选择“抽样”命令。（或直接在单元格中输入“=MAX(抽样)”后按【Enter】键。）

提示：求解后，若发现 K1 单元格内容为“系数”两字，可以利用格式刷工具，先复制工作表中任意空白单元格的格式，然后在 K1 单元格上“刷”一下格式即可。

② 选取 Sheet1 中所有值为 90 的单元格，在名称框中输入“高分值”后按【Enter】键。

（4）计算 Sheet1 中的“奖学金”：“总积分”≥230，“奖学金”为“一等”；220≤“总积分”<230，“奖学金”为“二等”；其余为“三等”。

① 选中 H4 单元格，单击“公式”功能区“函数库”分组中的“插入函数”按钮，在打开的“插入函数”对话框中选择 IF 函数，单击“确定”按钮打开“函数参数”对话框。

② 在 Logical_test 文本框中输入 G4>=230，在 Value_if_true 文本框中输入“一等”，定位光标于 Value_if_false 文本框，单击名称框中的 IF。

③ 再次弹出“函数参数”对话框，在 Logical_test 文本框中输入 G4>=220，在 Value_if_true 文本框中输入“二等”，在 Value_if_false 文本框中输入“三等”，单击“确定”按钮。

④ 将 H4 单元格的自动填充柄向下拖动至 H24。

注意：也可直接在公式编辑栏中输入“=IF(G4>=230,"一等", IF(G4>=220,"二等","三等"))”。

（5）调整列宽。将鼠标指针置于列交界处拖动或者单击“开始”功能区“单元格”分组中的“格式”按钮，在弹出的面板中选择相应的命令设置合适的列宽；要同时调整多列列宽时，先选中要调整的列，将鼠标指针置于其中某两列交界处拖动或双击即可。

三、实训

打开配套文件 excel1_1.xlsx，按下列要求操作，将结果以文件名 excelsy1_1.xlsx 保存在自己的文件夹中。

1. 在 Sheet1 前插入一个工作表，命名为“月历表”。用自动填充柄的方法制作表格。

（1）从单元格 A1 起，考虑输入最少的数字，制作一个 2013 年 1 月份的月历表；同时对该月历表套用任意一种表格样式，如图 6-3 所示。

（2）从 H9 单元格开始制作“九九乘法表”，要求用混合引用的方法计算得出，即公式使用自动填充柄的方法完成输入，表的上一行加上和表格宽度相匹配的标题“九九乘法表”，并按个性化方式格式化“九九乘法表”，在表末右下方写上“制作者：姓名”，如图 6-4 所示。

星期日	星期一	星期二	星期三	星期四	星期五	星期六
		1	2	3	4	5
6	7	8	9	10	11	12
13	14	15	16	17	18	19
20	21	22	23	24	25	26
27	28	29	30	31		
2013年1月份月历表						

图 6-3　月历表

九九乘法表									
	1	2	3	4	5	6	7	8	9
1	1	2	3	4	5	6	7	8	9
2	2	4	6	8	10	12	14	16	18
3	3	6	9	12	15	18	21	24	27
4	4	8	12	16	20	24	28	32	36
5	5	10	15	20	25	30	35	40	45
6	6	12	18	24	30	36	42	48	54
7	7	14	21	28	35	42	49	56	63
8	8	16	24	32	40	48	56	64	72
9	9	18	27	36	45	54	63	72	81
							制作者：某某某		

图 6-4　九九乘法表

2. 按照图 6-5 所示，对 Sheet1 完成以下操作。

某大学2013年（部分专业）招生录取情况							
专业名称	学制	招生计划	实际录取	完成计划	最高分	最低分	分差
行政管理	4	50	49	98.0%	533	481	52
涉外秘书	3	20	20	100.0%	524	482	42
房地产经营管理	3	20	15	75.0%	533	488	45
化学工程与工艺	4	30	26	86.7%	531	486	45
园艺	4	30	29	96.7%	526	474	52
机电技术教育	4	50	48	96.0%	516	468	48
土木工程	4	50	49	98.0%	519	465	54
工程管理	4	50	44	88.0%	522	462	60

图 6-5　Sheet1 样张

（1）将 Sheet1 中的标题“某大学 2013 年（部分专业）招生录取情况”的格式设置为 20 磅、粗体、隶书、红色，其中“（部分专业）”设为蓝色，并将 A1:I1 单元格区域合并居中。

（2）计算 Sheet1 中各专业的“完成计划”（=实际录取 ÷ 招生计划），用百分数表示，保留一位小数，计算“分差”（=最高分 – 最低分）。

（3）将 Sheet1 中的内容除数值数据外均居中显示，调整到最适合的列宽，表的第一行设为粗体，并隐藏“学历层次”列。

（4）为 Sheet1 的 A2:I10 单元格区域加上边框线，内框、外框都为“蓝色的双线”，填充黄色。

3. 函数使用与多工作表之间的操作。

（1）取消 Sheet2 中隐藏的“基本工资”列，并计算“业绩津贴”（=岗位津贴 × Sheet3 中业绩积分）和“实发工资”（=基本工资+岗位津贴+业绩津贴），实发工资 10 元以下的部分记在“工资余额”列（使用 INT 函数）。计算“基本工资”、“实发工资”的“平均值”，精确到小数点后 2 位。

提示：

① Sheet2 中的数据需按“姓名”进行升序排序，使之与 Sheet3 中的数据对应。

② 在 Sheet2 数据表格中选中第 2 至 42 行，单击“数据”功能区“排序和筛选”分组中的“排序”按钮，在打开的“排序”对话框中设置“主要关键字”为“姓名”，单击“确定”按钮完成按姓名的升序排序。

（2）对“业绩津贴”和“实发工资”插入批注，内容为它们的计算公式。

（3）将 Sheet2 中“实发工资”介于 3 600 ~ 4 000 之间的单元格的字体颜色设置为“红色”。

（4）在 Sheet2 中增加一列“岗贴类别”，使用 IF 函数填写“岗贴类别”（“岗位津贴”≥500，“岗贴类别”为“一级”；450≤“岗位津贴”＜500，“岗贴类别”为“二级”；其余为“三级”。

（5）将 Sheet2 的标题“星光公司职工工资统计表”字体设置为蓝色、16 磅、粗体、倾斜、楷体，并在 A1:J1 单元格区域跨列居中。

（6）给 Sheet2 的数据加货币符号，表示为：正数 ¥ #,##0.00；负数 ¥ -#,##0.00，并调整为最适合的列宽。

（7）将 Sheet2 恢复为按部门递增排序。设置 Sheet2 中表格的边框：外框为中等粗细的实线，内部为细虚线。在 J1 单元格中输入“制作：姓名”，并右对齐。

4. 综合应用。

（1）取消 Sheet5 中“利润”列的隐藏，计算各公司的“预计营收”（预计营收=营收+营收 × 增长率）、“预计利润”（预计利润=利润+营收 × 世界平均利润率）和各项平均值。

（2）计算 Sheet6 中的每位学生各课程的绩点数和他们的“平均绩点”，对“平均绩点”插入批注内容为“授予学士学位平均绩点必须>2”。各课程的绩点数规定见 Sheet7，平均绩点为：Σ（课程的学分数 × 取得该课程绩点数）/课程学分数的总和，计算结果保留一位小数位，第 2 位后采取四舍五入。计算时必须用公式，不得心算或用常数代入。

提示：绩点计算需用 IF 函数的嵌套来实现。

（3）将 Sheet6 中小于 60 分的成绩用红色、粗体表示，“平均绩点”≥2 的用蓝色、粗体表示。

（4）计算 Sheet6 中各课程的最高分、最低分和平均分，计算结果保留一位小数。

实验 7 Excel 基本操作二

一、实验目的

（1）掌握 Excel 中数据的管理与分析。

（2）掌握数据的排序、数据的筛选、分类汇总、数据透视表的操作。

（3）掌握 Excel 中图表的建立方法。

二、实验范例

1. 打开配套文件 excel_fl2_1.xlsx，在 Sheet1 中按下列要求和图 7-1 所示样式进行操作。

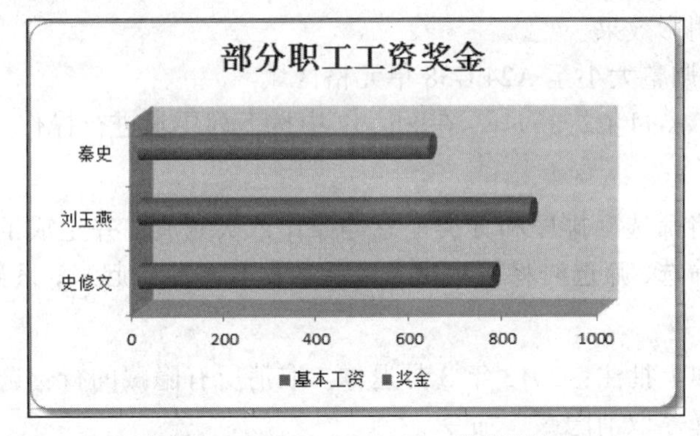

图 7-1 excel_fl2_1.xlsx 范例样张

分析：

Excel 能够根据工作表中的数据创建图表，即将行、列数据转换成有意义的图像，在选择数据区域时，如果是不连续的单元格，需按住【Ctrl】键进行选择。

操作步骤：

（1）隐藏“教龄津贴”和“物价补贴”两列，将标题“教职员工工资统计汇总表”在 A1:I1 单元格区域合并居中，设置标题为楷体、16 磅、红色、加粗。

（2）计算所有职工的工资：工龄≥20 年者，工资=基本工资+奖金×1.3；工龄<20 年者，工资=基本工资+奖金×1.1。选中 H3 单元格，单击“公式”功能区“函数库”分组中的“插入函数”按钮，在打开的“插入函数”对话框中选择 IF 函数，在“函数参数”对话框的 Logical_test 文本框中输入“G3>=20”，在 Value_if_true 文本框中输入“D3+E3*1.3”，在 Value_if_false 文本框中输入“D3+E3*1.1”。或直接在编辑栏输入“=IF(G3>=20,D3+E3*1.3,D3+E3*1.1)”。保留一位小数，并将 H3 单元格的自动填充柄向下拖动至 H11，得到职工的工资。

（3）对数据列表中“部门工资”区域的数值采用“货币样式”，并调整列宽。从名称框中选择“部门工资”，在“开始”功能区的“数字”分组中单击“会计数字格式”按钮，设置“部门工资”区域内的数字格式为中文货币样式。

（4）按图 7-1 制作图表并放置在 Sheet1 工作表的 A24:G38 单元格区域。

① 选中 A2 单元格，然后按住【Ctrl】键，依次单击 D2、E2、A4、D4、E4、A6、D6、E6、A8、D8、E8 单元格。

② 单击“插入”功能区“图表”分组中的“条形图”按钮，在弹出的面板中选择“堆积水平圆柱图”，在工作表中插入该图。

③ 选中图表，单击“图表工具/布局”功能区“标签”分组中的“图表标题”按钮，在弹出的面板中选择“图表上方”命令，并修改图表标题为“部分职工工资奖金”；单击“图表工具/布局”功能区“标签”分组中的“图例”按钮，在弹出的面板中选择“在底部显示图例”命令，将图例设置在图表底部；单击“图表工具/布局”功能区“坐标轴”分组中的“网格线”按钮，在弹出的面板中选择相应的命令，去除主要横、纵网格线。

④ 选中图表，单击“图表工具/布局”功能区“背景”分组中的“图表背景墙”按钮，在弹出的面板中选择“其他背景墙选项”命令，在打开的“设置背景墙格式”对话框中设置填充颜色为橄榄色的“纯色填充”。用同样的方法设置“图表基底”的填充颜色。

⑤ 选中图表，单击“图表工具/格式”功能区“当前所选内容”分组中的“设置所选内容格式”按钮，在打开的“设置图表区格式”对话框中，设置“边框样式”为“圆角”，距离为 5 磅的“右下斜偏移”阴影效果。

⑥ 将图表拖动并调整大小至 A24:G38 单元格区域。

2. 打开配套文件 excel_fl2_2.xlsx，在 Sheet7 中按下列要求进行操作。

分析：

数据透视表能够将筛选、排序和分类汇总等操作依次完成，并生成汇总表格。“自动筛选”一般用于简单的条件筛选，筛选时将不满足条件的数据暂时隐藏起来，只显示符合条件的数据。

操作步骤：

（1）给职工李川加上批注：2013 年 3 月退休。取消所有隐藏的行：选中所有行并右击，在弹出的快捷菜单中选择“取消隐藏”命令。

（2）计算工龄、基本工资、奖金的平均值，并保留一位小数。

（3）计算“实发工资”。“实发工资” = “基本工资” + “奖金” + “工龄津贴”（其中，“工龄”大于或等于 25 的，“工龄津贴”为 150；“工龄”小于 25 而且大于或等于 15 的，“工龄津贴”为 100；其余为 50）。

（4）利用工作表中的数据按图 7-2 所示在 A14:G26 单元格区域制作三维圆柱图，并对图表的有关选项进行适当修改。

① 选中 A2 单元格，然后按住【Ctrl】键，依次单击 D2、A3、D3、A6、D6、A8、D8 单元格。

② 单击“插入”功能区“图表”分组中的“柱形图”按钮，在弹出的面板中选择“三维圆柱图”，在工作表中插入图表。

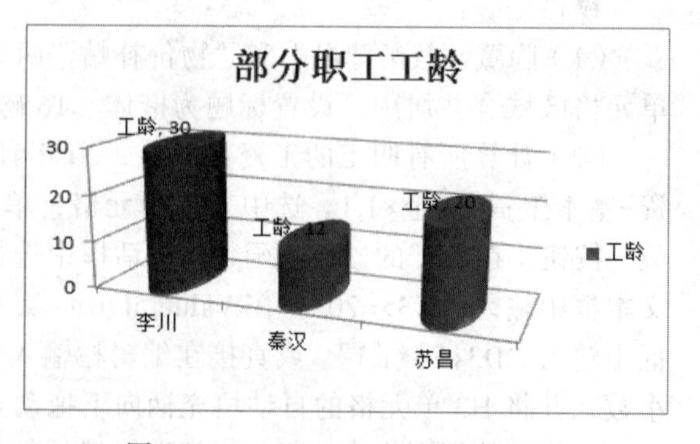

图 7-2　excel_fl2_2.xlsx 范例图表

③ 修改图表标题为“部分职工工龄”；选中数据系列，单击“图表工具/布局”功能区“当前所选内容”分组中的“设置所选内容格式”

按钮，在打开的“设置数据系列格式”对话框中，设置系列选项的系列间距和填充颜色。在“图表工具/布局”功能区的“标签”分组中单击“数据标签”按钮，在弹出的面板中选择“其他数据标签选项”命令，在打开的“设置数据标签格式”对话框中，选中“标签选项”下的“系列名称”和“值”。

④ 将图表拖动到 A14:G26 单元格区域。

（5）利用工作表中的数据按照图 7-3 从单元格 H3 开始生成数据透视表，汇总方式按职称分别求平均基本工资、平均工龄。

	平均基本工资	平均工龄
副教授	2780.00	20.00
工程师	2450.00	16.00
讲师	2150.00	13.00
教授	3180.00	25.33
助教	1616.50	7.00
总计	**2478.11**	**16.89**

图 7-3　excel_fl2_2.xlsx 范例数据透视表

① 选中数据区域中的任意单元格，在“插入”功能区的“表格”分组中单击“数据透视表”按钮，打开“创建数据透视表”对话框。

② 在“创建数据透视表”对话框中，设置表区域为 A2:G11，放置透视表的位置为“现有工作表”的 H3 单元格，单击“确定”按钮后，在当前工作表的 H3 单元格处显示一个空白的数据透视表，并打开“数据透视表字段列表”窗格。

③ 选择“职称”、“工龄”、“基本工资”字段，并拖动字段进行布局。分别右击 I3、J3 单元格，在弹出的快捷菜单中选择“值字段设置”命令，在打开的“值字段设置”对话框中修改自定义名称和汇总字段数据的计算类型。

④ 对透视表中的数据格式进行设置，通过单击“数据透视表工具/选项”功能区“显示”分组中的“字段标题”按钮去除字段标题。

（6）筛选出工资汇总表中职称为教授、副教授、讲师的所有职工（要求保留平均值行），并调整相应的列宽。

① 选中 A2:G12 区域，在“数据”功能区的“排除和筛选”分组，单击“筛选”按钮，列名右侧即出现下拉按钮。

② 单击“职称”列的下拉按钮，在弹出的列表中选中除“工程师”和“助教”以外的所有其他选项。

三、实训

打开配套的 excel2_1.xlsx 文件，按下列要求操作，将结果以文件名 excelsy2_1.xlsx 保存在自己的文件夹中。

（1）在 Sheet1 工作表的 A12:I22 单元格区域按图 7-4 所示建立圆角带阴影的圆锥图表，图表的背景为“浅黄色”，并将图表标题格式设置为“粗楷体”。

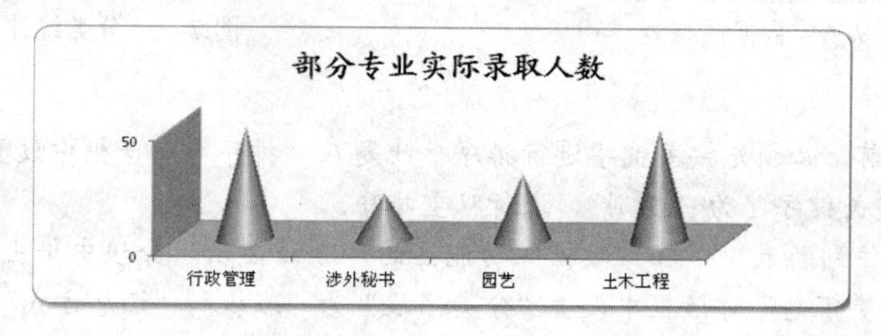

图 7-4　圆锥图表

（2）将 Sheet4 工作表中的图表类型改为图 7-5 所示的圆柱图表，并将 Sheet4 重命名为“商场销售利润表”。

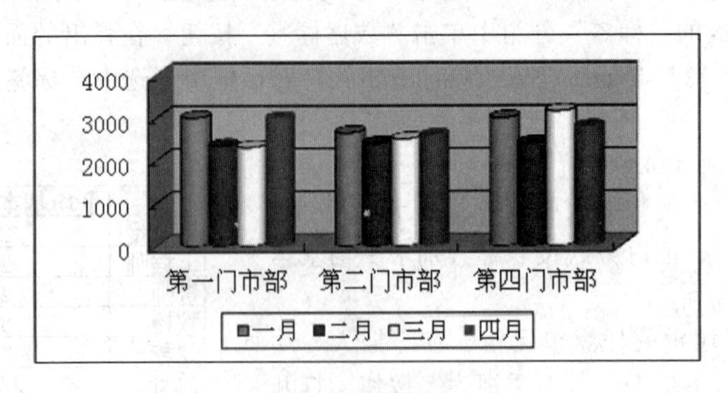

图 7-5　圆柱图表

（3）将 Sheet8 人事表中的数据以“职务”为主关键字，按经理、经理助理、柜组长和营业员次序排序，以“工资”为次要关键字升序排序。

提示：此处要按“职务”大小排序，可以通过自定义序列实现。

（4）筛选出 Sheet2 工资统计表中上海、江苏两地，业绩津贴小于 1800 的所有职工（要求保留平均值行）。把筛选结果复制到原来表格的下方，并恢复原表格。设置新表的标题为“上海、江苏两地，业绩津贴小于 1800 的职工”，14 号、加粗、黄色底纹，合并居中放置。

（5）利用 Sheet5 工作表的数据按图 7-6 所示，在“商场销售利润表”（Sheet4）的 H10 单元格开始的区域生成数据透视表，汇总方式分别为公司计数、营收最大值，并对数据透视表添加浅粉红色底纹。

（6）保留 Sheet6 工作表原来的内容，在表的下方复制 Sheet6 中的有关数据，按“班级”统计出各班的男女生人数及总人数，统计结果如图 7-7 所示。要求班级和性别都按递增方式排列，最后只显示统计数据。

	最大营收	公司数
韩国	9567	3
荷兰	4040	1
美国	25683	4
日本	11360	5
中国	1532	3
总计	25683	16

图 7-6　数据透视表

班级	姓名	性别
	男 计数	5
	女 计数	10
1班 计数		15
	男 计数	6
	女 计数	6
2班 计数		12
	男 计数	9
	女 计数	4
3班 计数		13
总计数		40

图 7-7　分类统计表

提示：

① 分类汇总前，必须先按关键字进行排序。此题在“排序”对话框中设置“主要关键字”为“班级”，“次要关键字”为“性别”，进行双重排序。

② 将光标定位到新表中，在“数据”功能区的“分级显示”分组中单击“分类汇总”按钮，在打开的“分类汇总”对话框中设置“分类字段”为“班级”，“汇总方式”为“计数”，“选定汇总项”为“性别”，并选中“替换当前分类汇总”和“汇总结果显示在数据下方”复选框。单击“确定”按钮，按班级进行分类汇总。

③ 再次进行性别分类汇总。在“分类汇总”对话框中除设置“分类字段”为“性别”外，操作步骤同②，但不要选中“替换当前分类汇总”选项。

（7）计算 Sheet6 工作表中的每位学生各课程的绩点数和他们的“平均绩点”。各课程的绩点数规定见 Sheet7 工作表；平均绩点为：Σ（课程的学分数 × 取得该课程绩点数）/Σ 课程学分数的总和，计算结果保留一位小数。

（8）从 Sheet6 工作表的 E100 单元格开始创建如图 7-8 所示的班级各地区学生平均绩点透视表，数字保留一位小数，按图 7-8 设置对齐格式，调整列宽。

（9）在 Sheet6 工作表的 J100 单元格位置处创建如图 7-9 所示的班级各地区男女生人数透视表，调整列宽。

班级各地区学生平均绩点透视表

平均值项:平均绩点				
	江苏	上海	浙江	总计
1班	2.5	2.2	2.7	2.5
2班	2.9	3.0	1.8	2.6
3班	2.4	2.1	3.2	2.5
总计	2.6	2.4	2.6	2.5

图 7-8 平均绩点透视表

班级各地区男女生人数透视表

计数项:性别				
	江苏	上海	浙江	总计
⊟1班	4	5	6	15
男	2	1	2	5
女	2	4	4	10
⊟2班	6	3	3	12
男	5	1		6
女	1	2	3	6
⊟3班	6	4	3	13
男	5	2	2	9
女	1	2	1	4

图 7-9 各地区男女生人数透视表

（10）对 Sheet6 工作表中的数据表按班级升序排序，同一班级按地区升序排序，同一地区按平均绩点降序重新排列。

实验 8　PowerPoint 操作

一、实验目的

（1）掌握 PowerPoint 中幻灯片编辑和幻灯片外观的设置。
（2）掌握 PowerPoint 中动画的设置。
（3）掌握 PowerPoint 中超链接、动作的设置。
（4）掌握 PowerPoint 中幻灯片放映方式的设置。

二、实验范例

打开配套的 ppt_fl1_1.pptx 文件，按下列要求和图 8-1 所示的样式进行操作。

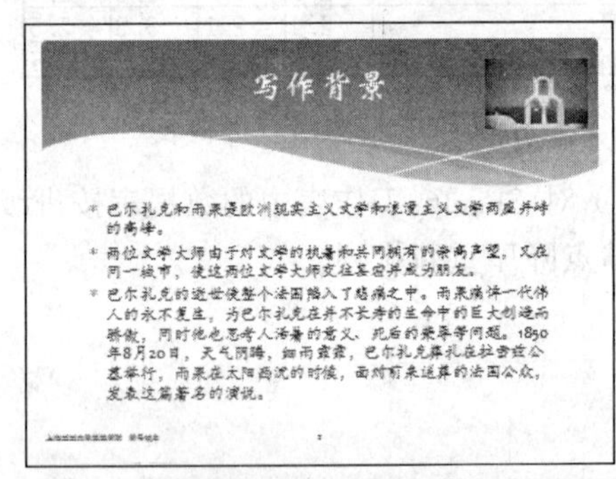

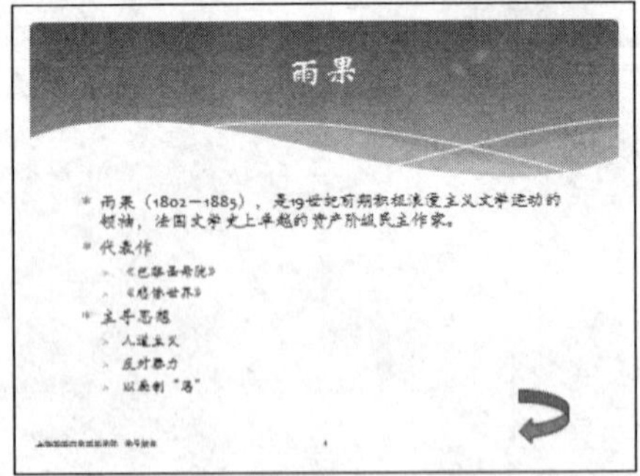

图 8-1　ppt_fl1_1.pptx 部分范例样张

分析：

PowerPoint 是以幻灯片形式表现的演讲文稿，通过幻灯机或投影仪在大屏幕上放映，使演讲与文稿的报告效果更好。

操作步骤：

（1）对幻灯片应用“波形”主题。切换至“设计”功能区，在“主题”分组中选择“波形”主题。

（2）将幻灯片 1 中的“巴尔扎克的葬词”设置为“填充-白色，投影”的艺术字样式，在自动显示的“绘图工具/格式”功能区，修改文本效果：选择“映像”→“半映像，4pt 偏移量”命令；选择“转换”→“两端远”命令。

（3）将所有幻灯片各级标题的文本字号均减小 4 个字号，第二级标题的项目符号设置成金色，大小为 60%的“➤”。

① 切换至“视图”功能区，在“母版视图”分组中选择“幻灯片母版”命令，将光标定位到幻灯片母版的第一层，修改字号。用同样方式设置其他四层文本的字号。

② 将光标定位到幻灯片母版的第二层并右击，在弹出的快捷菜单中选择“项目符号”→“项目符号和编号”命令，选择“➤”符号，并设置大小和颜色。

③ 在“幻灯片母版”功能区中单击“关闭母版视图”按钮。

（4）除标题幻灯片外，给每张幻灯片加上编号和页脚“上海某某大学某某学院 学号姓名”。切换到母版视图，选中幻灯片母版，切换至“插入”功能区，在“文本”分组中选择“页眉和页脚”命令，在“页眉和页脚”对话框中设置。

（5）在幻灯片 2 右上角的适当位置插入图片 pic1.jpg，并将其高、宽设置为原来的 30%。

（6）将幻灯片 3 中的文本《驴皮记》、《人间喜剧》、《高老头》降一级。选中《驴皮记》前的项目符号“*”向右拖动，当出现“|”时释放鼠标，将项目符号改成“➤”。用相同的方式将《人间喜剧》和《高老头》降一级。

注意：项目符号降级可以通过拖动的方式，也可以选中项目符号，在“开始”功能区的“段落”分组中单击“提高列表级别”按钮完成。

（7）将图片 pic3.jpg 设置为最后一张幻灯片的背景，透明度为 50%，主体文本的颜色为白色，行距设置为 2 行。

① 将光标置于最后一张幻灯片中，在空白处右击，在弹出的快捷菜单中选择“设置背景格式”命令，在对话框中设置“填充”为“图片或纹理填充”，单击“文件”按钮，在“插入图片”对话框中选择图片。选中“隐藏背景图形”复选框，并设置背景“透明度”。

② 选中文字，在“开始”功能区“字体”分组中设置颜色，在“段落”分组中单击“行距”按钮，设置行距。

（8）将幻灯片 1 中的副标题“作者：雨果”超链接到幻灯片 4；在幻灯片 4 的右下角加上“右弧形箭头”，超链接到幻灯片 1。

① 选中幻灯片 1 中的副标题“作者：雨果”，切换至“插入”功能区，在“链接”分组中单击“超链接”按钮，在“插入超链接”对话框中选择本文档中的幻灯片 4。

② 选中幻灯片 4，切换至“插入”功能区，在“插图”分组中单击“形状”按钮，在弹出的面板中选择“右弧形箭头”，在幻灯片上用鼠标拖动出一个右弧形箭头，并超链接到幻灯片 1。

（9）对幻灯片 2 设置自定义动画，将标题设置为鼠标单击时“浮入”，方向“从上向下”，持续时间 1.5s。将主体文本设置为在前一事件后 1s 自动播放，动画效果为：右侧飞入。

（10）将幻灯片 5、6 设置为放映时以“溶解”方式切换，其他幻灯片在演示中以“菱形形状”的方式切换，设置全部幻灯片以每页显示 5s 的方式自动换页。

三、实训

1. 打开配套的 ppt1_1.pptx 文件，按下列要求和图 8-2 所示的样式进行操作，将结果以 pptsy1_1.pptx 保存在自己的文件夹下。

（1）将幻灯片主题改为“暗香扑满”；将所有幻灯片设置为：鼠标单击时“从右下部”以“涟漪”的切换效果展现。

（2）插入版式为“标题幻灯片”的新幻灯片作为演讲文稿的封面，该封面的主标题为“多彩的四季”，字体为隶书、红色、60 号。

（3）设置幻灯片 2～5 的主体文本为竖排，并对主体文本加 3 磅红色双实线边框线。

提示： 切换到幻灯片母版视图，选中主体文本，切换至“开始”功能区，在“段落”分组中单击“文字方向”按钮，选择“竖排”。选择主体文本框并右击，在弹出的快捷菜单中选择“设置形状格式”命令，设置线条颜色和线形。

（4）在幻灯片 3、4 的左下角添加“后退”动作按钮，按钮的尺寸为高 2.5cm、宽 2.5cm，单击鼠标时超链接到上一张幻灯片。

（5）在幻灯片 5 的左下角添加“结束”动作按钮，动作按钮的高、宽均为 2.5cm，并设置鼠标移过该按钮时结束放映，设置单击右侧图片超链接到幻灯片 1。

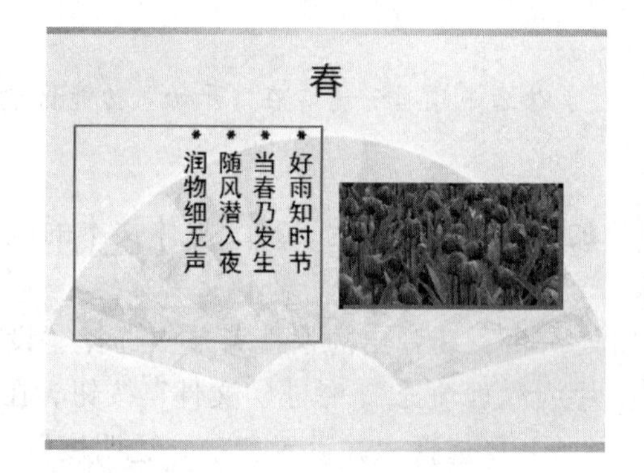

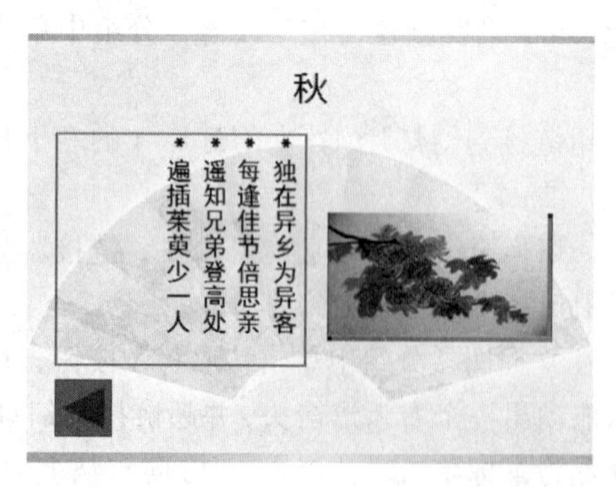

图 8-2　幻灯片 2～5 样张

2. 打开配套的 ppt1_2.pptx 文件，按下列要求和图 8-3 所示的样式进行操作，将结果以 pptsy1_2.pptx 保存在自己的文件夹下。

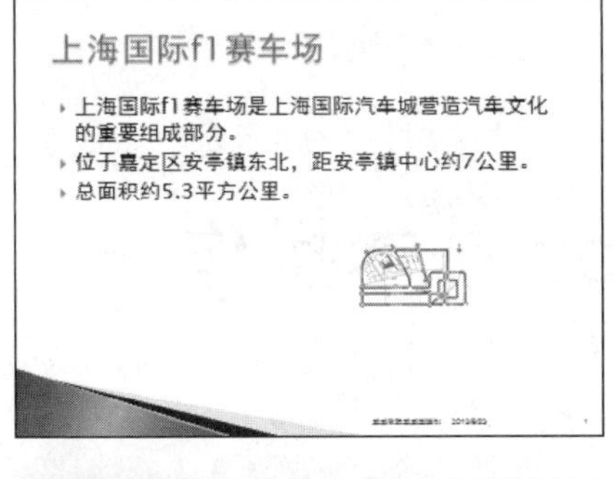

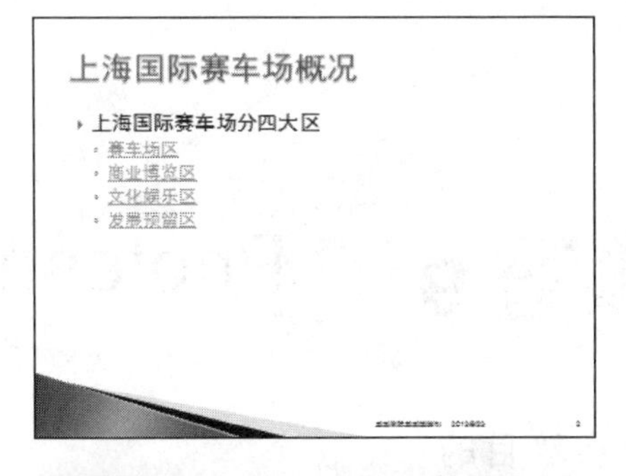

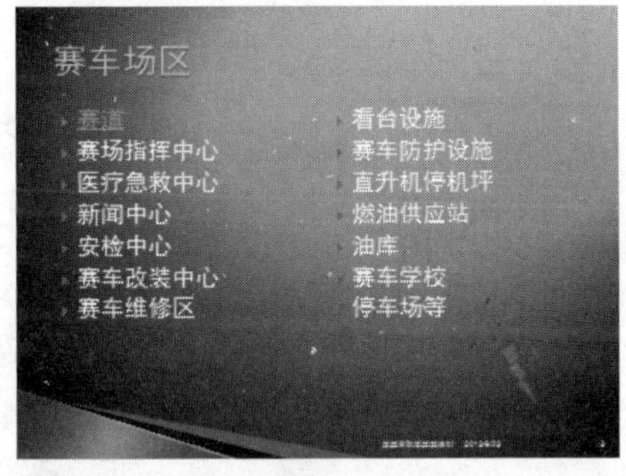

图 8-3 幻灯片 1～4 样张

（1）将幻灯片主题设置为“聚合”。

（2）幻灯片 2 中四大区名“赛车场区”、“商业博览区”、“文化娱乐区”、“发展预留区”分别超链接到相应标题的幻灯片。设置幻灯片 3～6 的背景样式。

提示：选中幻灯片 3～6，切换至“设计”功能区，在“背景”分组中单击“背景样式”按钮，在“样式 8”上右击鼠标，在弹出的快捷菜单中选择“应用于所选幻灯片”命令。

（3）在幻灯片 3～6 右下角插入“闪电形”自选图形，并设置为超链接到幻灯片 2。

（4）在幻灯片 1 上插入 map01.gif 图片，并对该幻灯片应用“自顶部”的“擦除”切换方式。

（5）在每张幻灯片上显示播放日期、编号和“某某学院某某某（你的真实姓名）编制”。

提示：在“幻灯片母版”中进行编辑。

（6）对幻灯片 3 中的文字“赛道”设置超链接指向 pptsy1_1.pptx。

实验 9 Photoshop 基本操作一

一、实验目的

（1）熟悉 Photoshop 工作界面。

（2）掌握 Photoshop 工具箱中的选择类工具、填充工具组、文字工具组和图章工具组的操作方法，掌握 Photoshop 中“选择”菜单的使用。

（3）理解 Photoshop 图层的功能，掌握图层的基本操作方法。

二、实验范例

1. 利用选择工具、渐变工具、变换命令制作图 9-1 所示的圆柱体和圆锥体，并以 ps_fl1_1.jpg 为名保存。

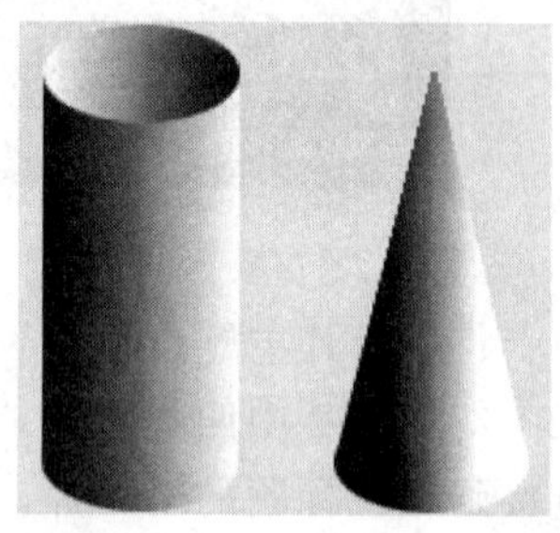

图 9-1　ps_fl1_1.jpg 样张

分析：

圆柱体的图形可以用矩形和椭圆组成，并填充线性渐变色产生立体效果。类似地，圆锥图形用三角形和椭圆实现。

操作步骤：

（1）新建大小为 300×300 像素，背景色为黄色（R:255、G:255、B:0），分辨率为 72 像素/英寸的 RGB 图像，设置如图 9-2 所示。

图 9-2　设置参数

注意：按【Ctrl+N】组合键可打开“新建”对话框。在 Photoshop 桌面空白处双击，可打开“打开”对话框。

（2）制作圆柱体。先利用矩形选框工具绘制一个矩形选区，再用椭圆选框工具以添加选区的方式绘制出圆柱体的下弧线，然后填充线性渐变色。用椭圆选框工具绘制出圆柱体的顶面，并反向填充线性渐变色，如图 9-3、图 9-4 所示。

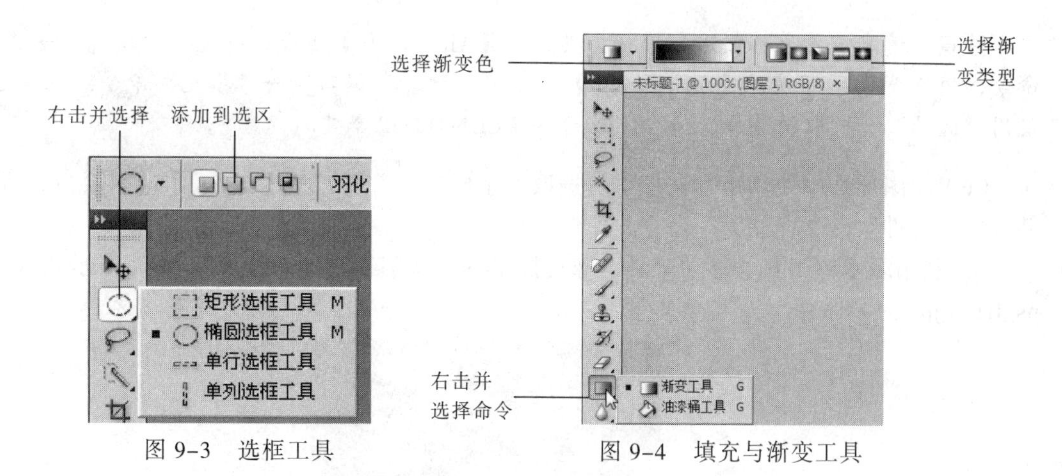

图 9-3　选框工具　　　　图 9-4　填充与渐变工具

注意：使用“视图”→“显示”→“网格”命令（按【Ctrl+'】组合键）或“视图”→“标尺”命令（按【Ctrl+R】组合键）显示出网格或标尺来辅助定位。

（3）制作圆锥。先绘制矩形选区，然后用“编辑”→“变换”→“透视”命令改成三角形选区，再用椭圆选框工具添加选区，最后填充线性渐变色。

（4）选择“文件”→“存储为”命令，在“存储为”对话框的“格式”下拉列表框中选择“JPEG（*.jpg;*.jpeg;*.jpe）”格式，在“文件名”下拉列表框中输入 ps_fl1_1，单击“保存”按钮。

2. 利用文字工具、填充、图层样式等制作如图 9-5 所示的文字效果，并以 ps_fl1_2.jpg 为名保存。

分析：

利用文字蒙版工具建立文字形选区，并通过新建图层，对两个图层设置填充和图层样式（“内阴影”与“斜面和浮雕”样式）产生立体效果。

操作步骤：

（1）新建一大小为 400×200 像素、背景为透明的 RGB 图像文件。

（2）选择横排文字蒙版工具，字体设置为“华文行楷”，字号设置为 72 pt，在图像文件中输入文字“出鞘文字”。

注意：可使用选框类工具在“新选区”方式下移动文字选区的位置。

（3）设置前景色为红色、背景色为白色，为文字选区填充前景色。

（4）新建一个图层，选择“选择”→“修改”→“扩展”命令，将选区扩展 2 像素，并填充背景色。

（5）取消选区，分别给图层 1、图层 2 应用“内阴影”与“斜面和浮雕”样式，如图 9-6 所示。

图 9-5　ps_fl1_2.jpg 样张

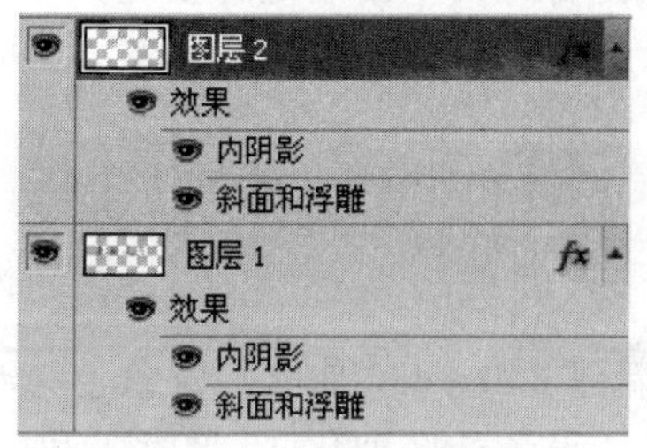

图 9-6　应用图层样式

注意：填充前景色可使用油漆桶工具、按【Alt+Dclcte】组合键或选择“编辑”→“填充”命令；填充背景色可使用【Ctrl+Delete】组合键、选择“编辑”→“填充”命令；取消选区可使用“选择”→“取消选择”命令，或者按【Ctrl+D】组合键。

（6）在图层 2 中使用矩形选框工具选取文字的上半部分，按【Delete】键删除，取消选区，并选择“文件”→“存储为”命令，保存文件。

3. 利用魔术棒工具、移动工具、橡皮擦工具、文字工具等制作如图 9-7 所示效果，并以 ps_fl1_3.jpg 为名保存。

图 9-7　ps_fl1_3.jpg 范例样张

分析：

弹簧的背景色非常均匀、统一，使用魔棒工具选择最方便。对文字设置变形并描边。

操作步骤：

（1）打开配套文件 spring.jpg 和 skyman.jpg。

（2）利用魔棒工具选取 spring.jpg 的白色背景部分，选择“选择”→“反向”命令选中弹簧。

（3）利用移动工具将弹簧移动至 skyman.jpg 文件中并调整位置，用橡皮擦工具擦去人后面的弹簧。

注意：移动工具可用于移动选区和图层。使用移动工具移动对象时，按住【Alt】键可复制对象。

（4）设置文字“跳跃”为“黑体”、48 pt，加“旗帜”变形，并用 3 像素的白色描边，中间设置为透明。选择“文件”→“存储为”命令，保存文件。

注意：要对文字图层进行描边，可使用“图层”→“图层样式”命令或在“图层”面板中单击“添加图层样式”按钮，选择“描边”命令。对选区进行描边，可使用“编辑”→“描边”命令。

三、实训

1. 新建 640×480 像素、背景色为#B7804A 的图像，打开配套的 thz.jpg 和 ths.jpg，利用选框类工具（设置选区羽化 10 像素）和文字工具（方正舒体、白色、30 pt）制作如图 9-8 所示的效果，结果以 pssy1_1.jpg 为文件名保存。

2. 打开配套文件“蝴蝶.jpg”和“世界名兰.jpg”，利用仿制图章工具将蝴蝶复制到“世界名兰”图片中，制作图 9-9 所示的效果，结果以 pssy1_2.jpg 为文件名保存。

提示：选择仿制图章工具，按住【Alt】键单击蝴蝶，以定位取样点，然后在兰花右上方涂抹。

3. 打开配套文件“显示器.jpg”和“水果.jpg”，将水果覆盖到显示器上，通过“编辑”→“变换”→“斜切”命令，使水果嵌入显示器的屏幕中，最终效果如图 9-10 所示，结果以 pssy1_3.jpg 为文件名保存。

提示：变换完成后需要双击或按【Enter】键应用变换。

图 9-8　实训 1 样张

图 9-9　实训 2 样张

图 9-10　实训 3 样张

4. 打开配套文件“雕塑.gif”，利用套索工具及“反向”、“羽化”命令制作图 9-11 所示的效果，结果以 pssy1_4.jpg 为文件名保存。

提示：对图像选区进行羽化，并对选区外的部分填充白色。

① 选择“图像”→“模式”→“RGB 颜色”命令，将图像颜色模式调整为 RGB。

② 利用套索工具围绕雕塑建立一个选区，将选区羽化 20 像素。

③ 新建图层，选择“选择”→“反向”命令反选选区后，用白色填充选区。

④ 选择横排文字工具，文字大小设置为 60 点，文字字体设置为“华文行楷”，并输入文字。

5. 打开配套文件 girl.jpg、voilin.jpg 和 beach.jpg，利用磁性套索工具和不透明度制作如图 9-12 所示的效果，结果以 pssy1_5.jpg 为文件名保存。

图 9-11　实训 4 样张

图 9-12　实训 5 样张

提示：倒影是通过复制图层，并对图层不透明度进行修改实现的。

① 利用磁性套索工具分别选取女孩和小提琴图像，移至 bench 图片中。调整女孩大小并设置 75%的不透明度。

② 复制小提琴图层，通过垂直翻转、自由变换、设置 50%的不透明度制作倒影效果。

③ 设置文字格式为“方正姚体”、白色、48 pt。

6. 打开配套文件“集体照.jpg”，利用矩形选框工具、渐变工具、“收缩”命令等制作如图 9-13 所示的金属相框，结果以 pssy1_6.jpg 为文件名保存。

提示：

① 新建一个 400×300 像素、背景为白色的 RGB 图像。

② 新建图层，用矩形选框工具建立一个选区，并从左上角到右下角填充黑色到白色的线性渐变。将选区收缩 10 像素，并从左上角到右下角填充白色到黑色的线性渐变。

③ 将选区收缩 10 像素，删除选区内的图像并取消选区。在图层 1 中应用“距离”为 10 像素的“投影”样式和“斜面和浮雕”样式。

④ 将集体照的内容放于相框中，通过自由变换改变图像大小。

7. 打开配套文件 redflower.gif 和 forest.jpg，利用图像颜色模式变换、文字工具，制作图 9-14 所示的效果，结果以 pssy1_7.jpg 为文件名保存。

图 9-13　实训 6 样张

图 9-14　实训 7 样张

提示：

① 将 forest.jpg 的图像颜色模式调整为“灰度”，并通过“动作”面板加“木质画框-50 像素”，拼合图层。将 redflower.gif 的图像颜色模式调整为“RGB 颜色”。

② 将带框 forest 复制到 redflower，缩小到原来的 20%并旋转一定角度。

③ 设置文字“花正红”为“黑体”、60pt，加“旗帜”变形，并用 2 像素的黄色描边，中间透明。

8. 利用横排文字蒙版工具、“描边”命令、“高斯模糊”滤镜等制作如图 9-15 所示的霓虹灯效果字，结果以 pssy1_8.jpg 为文件名保存。

图 9-15　实训 8 样张

提示：

① 新建一个400×200像素的黑色背景图像。

② 新建图层1，利用横排文字蒙版工具在图层1上输入蒙版文字welcome，大小为60点，字体为Eras Bold ITC。

③ 选择“编辑”→“描边”命令，设置2像素的白色居外描边，取消选区。

④ 选择“图层”→“复制图层”命令，建立“图层1副本”图层。

⑤ 选中图层1，选择“滤镜”→“模糊”→“高斯模糊”命令，设置半径为5像素。

⑥ 选中“图层1副本”图层，选择“滤镜”→“模糊”→“高斯模糊”命令，设置半径为2像素。

实验 10 Photoshop 基本操作二

一、实验目的

（1）理解图层蒙版功能，掌握其基本操作方法。

（2）掌握滤镜基本操作方法，了解常用滤镜的效果。

（3）掌握 Photoshop 中“编辑”、“图像”和“图层”等常用菜单命令。

二、实验范例

1. 以 sunflower.jpg 和 yugang.jpg 为素材，利用蒙版技术，制作如图 10-1 所示的印花玻璃缸效果，并以 ps_fl2_1.jpg 为文件名保存。

分析：

用选区工具选取鱼缸，利用图层蒙版去掉鱼缸形状选区外的花朵，设置图层不透明度，让花的颜色变淡。

操作步骤：

（1）打开配套文件 sunflower.jpg 和 yugang.jpg。

（2）将葵花移动至 yugang.jpg 文件中，使其大小能罩住鱼缸，此时会自动建立一个新图层。

（3）在鱼缸图层中用磁性套索工具选取鱼缸边缘，转到葵花图层并添加蒙版。由于图像中有一个选区，因此添加蒙版后，选区内的内容完全显示而选区外的内容完全隐藏，如图 10-2 所示。

（4）调整花纹的透明度，使鱼缸可见（填充不透明度调到 20%），如图 10-1 所示。选择“文件”→“存储为”命令，保存文件。

图 10-1 ps_fl2_1.jpg 范例样张

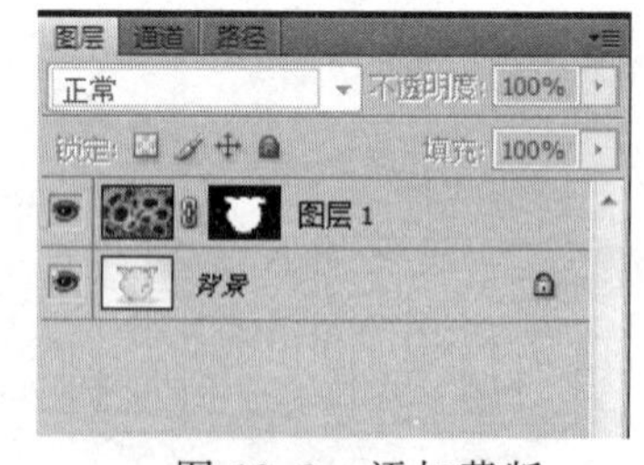

图 10-2 添加蒙版

注意：用磁性套索选取选区时，可调高频率值获取精确的边缘效果。

2. 以 shi.jpg 和 tian.jpg 为素材，利用蒙版和渐变工具，制作如图 10-3 所示的效果，并以 ps_fl2_2.jpg 为文件名保存。

分析：

对图层蒙版填充黑白渐变，可以制作出两幅图片融合在一起的朦胧效果。对文字添加“斜面和浮雕”图层样式可以产生立体效果。

操作步骤：

（1）打开配套文件 shi.jpg 和 tian.jpg。

（2）将图片 tian.jpg 覆盖到 shi.jpg 上，调整图片大小。

（3）在天空所在图层添加图层蒙版，在蒙版中填充径向渐变。

（4）加入文字（大小 60，方正舒体），对文字层添加“斜面和浮雕”和紫色、橙色“渐变叠加”效果，如图 10-4 所示。选择“文件”→“存储为”命令，保存文件。

图 10-3　ps_fl2_2.jpg 范例样张

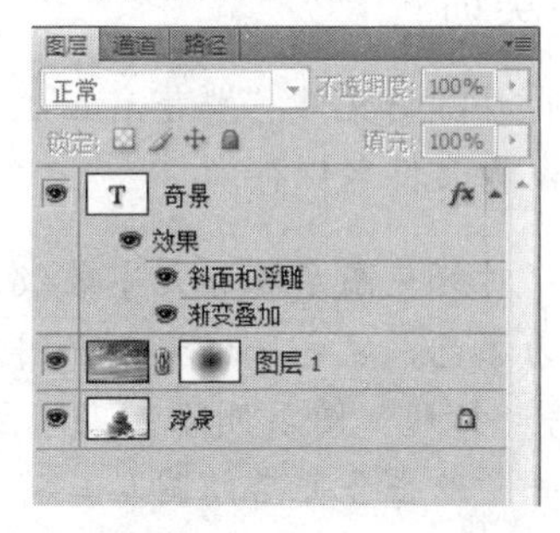

图 10-4　“图层”面板

3. 利用文字工具、“波纹”滤镜和“风”滤镜制作如图 10-5 所示的风吹湖面效果，并以 ps_fl2_3.jpg 为文件名保存。

分析：

主要运用“波纹”滤镜和“风”滤镜。

操作步骤：

（1）打开配套文件“湖水.jpg”。

（2）选择“滤镜”→“扭曲”→“波纹”命令，设置数量为 80、大小为“小”，制作波纹效果。

（3）用横排文字工具输入“风吹湖水皱”，创建“波浪”变形文字，水平弯曲 50%，再添加 3 像素白色居外描边。

（4）选择“滤镜”→“风格化”→“风”命令，在“风”对话框中选择“风”方法，方向为“从右”，效果如图 10-5 所示。选择“文件”→“存储为”命令，保存文件。

4. 利用“图像”和“图层”菜单、填充工具等为图像增加宽度为 20 像素的“枕状浮雕”外边框，如图 10-6 所示，并以 ps_fl2_4.jpg 为文件名保存。

分析：

要将图像向外扩展必须扩大画布，然后对填充色添加“斜面和浮雕”图层样式即可。

图 10-5　ps_fl2_3.jpg 范例样张

图 10-6　ps_fl2_4.jpg 范例样张

操作步骤：

（1）打开配套文件 oz.jpg。

（2）选择“图像”→“画布大小”命令，在“画布大小”对话框中将宽度、高度各增加 40 像素。

（3）新建图层，选中白色边框区域并填充为#F0DC00 色，添加枕状浮雕图层样式。

（4）选择“文件”→“存储为”命令，保存文件。

三、实训

1. 打开配套文件“鲜花.psd”，利用文字蒙版工具制作花纹字，如图 10-7 所示。结果以 pssy2_1.jpg 为文件名保存。

提示：对鲜花图层添加文字蒙版，使文字笔迹处保留鲜花，即蒙版中文字为白色，文字以外的区域为黑色，黑色区域为下一图层内容。

① 将“标题”图层删除，删除图像中的文字。选择“图层”→“拼合图层”命令，将其余图层合并。双击合并后的图层，将它由背景图层转换为普通图层。

② 选择横排文字蒙版工具，设置字体为“隶书”，大小为 240 点，在图层 0 中输入文字“鲜花”。

③ 单击某种选框工具，退出文字蒙版状态，将文字选区移动到合适的位置。

④ 单击“图层”面板中的“添加图层蒙版”按钮，为图层添加蒙版。

⑤ 新建一个图层，用白色填充该图层后，将它移动到最下面的一层，如图 10-8 所示。选择“文件”→“存储为”命令，保存文件。

图 10-7　实训 1 样张

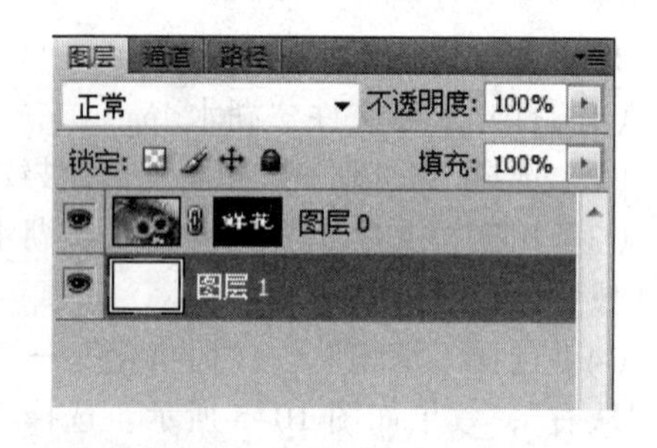

图 10-8　各图层效果

2. 打开配套文件 t.jpg 和 s.jpg，通过添加图层蒙版，制作如图 10-9 所示的效果，结果以 pssy2_2.jpg 为文件名保存。

提示：两张图片分别位于上下两个图层，对上面的图层添加蒙版，使一部分图片变透明。

① 将 s.jpg 移至 t.jpg，并将石狮水平翻转。

② 在图层 1 上添加图层蒙版，并添加由白色到黑色的线性渐变，最终效果如图 10-9 所示。

图 10-9　实训 2 样张

3. 打开配套文件“夜景.jpg”，利用渐变工具、文字工具和图层蒙版制作如图 10-10 所示的朦胧效果，并将结果以 pssy2_3.jpg 为文件名保存。

图 10-10 实训 3 样张

提示：利用白色图层和填充有径向渐变的图层蒙版。

① 双击“图层”面板中的背景图层，将其转换为普通图层“图层 0”。

② 为图层 0 添加图层蒙版，在图层蒙版上填充从白色到黑色的径向渐变。

③ 新建图层 1，用白色填充图层 1 后拖动到图层 0 之下。

④ 选择图层 0，利用文字工具在其上添加文字“夜上海”，字体设置为“华文行楷”，大小为 36 点，颜色为红色。

4. 打开配套文件 ye.jpg 和 hei.jpg，利用添加图层蒙版、收缩选区等方法制作如图 10-11 所示的效果，并将结果以 pssy2_4.jpg 为文件名保存。

图 10-11 实训 4 样张

提示：利用图层蒙版实现上下两个图层的窗口效果。

① 将图片 hei.jpg 覆盖在图片 ye.jpg 上，调整位置。

② 隐藏图层 1，利用套索工具围绕枫叶建立一个选区，并通过“选择”→“修改”→“收缩”命令将该选区收缩 5 像素。

③ 取消图层 1 的隐藏，为该图层添加图层蒙版。

5. 新建一个大小为 400×250 像素、背景为白色的图像文件，利用文字工具、“自由变换”命令、“高斯模糊”滤镜制作如图 10-12 所示的倒影字效果，并将结果以 pssy2_5.jpg 为文件名保存。

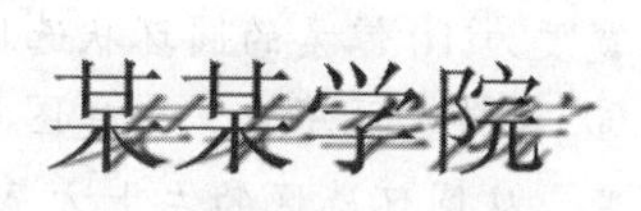

图 10-12 实训 5 样张

提示：倒影通过复制文字图层，并对其进行修改来实现。

① 将前景色设置为蓝色，在工具箱中选择横排文字工具，将字体设置为“宋体”，字号设置为72，输入文字“某某学院”，并复制当前图层。

② 利用“编辑”→“自由变换”命令调整“某某学院”图层的大小和倾斜程度，选择“图层”→“栅格化”→“图层”命令，将文本图层转换为普通图层。

③ 选择“滤镜”→“模糊”→“高斯模糊”命令，在弹出的对话框中将模糊半径设置为1.5像素。

6. 打开配套文件“蓝色妖姬.jpg”，利用磁性套索工具、滤镜等制作如图10–13所示的背景图像动感效果，并将结果以pssy2_6.jpg为文件名保存。

图10–13 实训6样张

提示：花朵没有变模糊，说明不能对整幅图像进行模糊处理，而要将花朵选择出来再应用滤镜。

① 选择磁性套索工具，沿花和周围叶子的边缘建立选区。

② 选择“滤镜”→“锐化”→“USM锐化”命令，将花锐化。

③ 选择“选择”→“调整边缘”命令，在弹出的对话框中设置“羽化”为10像素。

④ 选择“选择”→“反向”命令，将选区反选。

⑤ 选择“滤镜”→“模糊”→“径向模糊”命令，在“径向模糊”对话框中设置“数量”为30、“模糊方法”为“缩放”、品质为“好”。

7. 打开配套文件“古诗.jpg”，利用椭圆选框工具、“自由变换”命令、渐变工具、“球面化”滤镜等制作如图10–14所示的放大镜效果，并将结果以pssy2_7.jpg为文件名保存。

图10–14 实训7样张

提示：

① 双击“图层”面板中背景图层缩略图，将其转换为普通图层。

② 在图像中建立一个圆形选区，利用“自由变换”命令将选区放大（放大时按住【Alt+Shift】组合键拖动矩形框的一角，使图像按比例放大且圆心不变）。

③ 选择“滤镜”→“扭曲”→“球面化”命令，将“数量”设置为90%。

④ 选择“选择”→“修改”→“扩展”命令，使选区扩大5像素。

⑤ 选择“选择”→“修改”→“边界”命令，在对话框中设置“宽度”为10像素，得到一个宽度为10像素的圆环状选区。

⑥ 保持选区不变，新建图层1，选择渐变工具，渐变颜色为“铬黄渐变”，渐变类型为线性渐变，从圆环选区的左上方至右下方拖动鼠标，填充渐变效果。

⑦ 新建图层2，绘制一个矩形选区，用渐变填充选区。

⑧ 新建图层3，绘制一个椭圆选区，同样进行渐变填充。利用“自由变换”命令调整图层2和图层3的大小和位置，然后合并，得到放大镜的手柄。

8. 新建一个大小为 600×250 像素、72 像素/英寸、背景为黑色的 RGB 图像文件，利用文字工具、“描边”命令，以及“模糊”、“扭曲”、“风格化”等滤镜制作如图 10-15 所示光芒四射的特效字组，并将结果以 pssy2_8.jpg 为文件名保存。

提示：

① 用文字蒙版工具输入 Shanghai，字体设置为 Arial Black，大小为 70 pt。在选中文字的情况下，使用选项栏中的“创建变形文字”按钮为文字添加“波浪”样式，弯曲 35%。

② 单击选框工具按钮，将文字选区移动到图像的中心位置，选择“编辑”→“描边”命令，设置 4 像素宽的描边，然后“选择”→“取消选择”命令。

③ 选择“滤镜”→“模糊”→“高斯模糊”命令，将“半径”设置为 1 像素。

④ 选择“滤镜”→“扭曲”→“极坐标”命令，设置从极坐标变换到平面坐标，变形一次。

⑤ 选择“图像”→“图像旋转”→“90 度（逆时针）”命令，将图像旋转 90°。

⑥ 选择“滤镜”→“风格化”→“风”命令，从左到右，连做两次，以加强风效果。

⑦ 选择“图像”→“图像旋转”→“90 度（顺时针）”命令，将图像旋转回原来的方向。

⑧ 选择“滤镜”→“扭曲”→“极坐标”命令，设置从平面坐标变换到极坐标，变形一次。

思考：

要达到图 10-16 所示的效果该如何处理？（提示：描边改用黄色；先存储文字选区，完成后再导入选区用白色描边。）

图 10-15　实训 8 样张

图 10-16　实训思考样张

实验 11 Flash 基本操作一

一、实验目的

（1）熟悉 Flash 的工作界面，了解各种工具、面板、菜单等。

（2）熟悉逐帧动画的制作。

（3）掌握简单的补间形状动画的制作方法。

（4）掌握简单的传统补间动画的制作方法。

（5）掌握简单的补间动画的制作方法。

（6）理解图层的概念，掌握图层的基本操作。

二、实验范例

1. 利用实验配套文件制作一个如图 11-1 所示的鲸跳跃的逐帧动画，效果参见样例 y11_1.swf，结果保存为 flash_fl1_1.fla，并导出影片 flash_fl1_1.swf。

图 11-1 鲸跳跃的逐帧动画

分析：

逐帧动画就是在一系列连续的关键帧内插入不同的元素对象。

操作步骤：

（1）启动 Flash，新建一个 Flash 文档。设置文档属性：宽 177 像素，高 160 像素，帧频为 15 fps。

（2）选择“文件”→“导入”→“导入到库”命令，将实验配套系列图像（whale 文件夹中的 whale01.jpg～whale08.jpg 共 8 个文件）导入到库。选择“窗口”→“库”命令（快捷键为【Ctrl+L】），打开“库”面板，查看导入的图像。

（3）右击时间轴的第 3 帧，在弹出的快捷菜单中选择“插入空白关键帧”命令。将“库”面板中的 whale01 图像拖动到工作区中；打开“对齐”面板调整图像的位置，设置图像相对于舞台水平中齐、垂直中齐。

（4）重复步骤（3），用同样的方法，将图像 whale02.jpg～whale08.jpg 分别放置到关键帧 5、7、9、11、13、15、17 中。

（5）选择“控制”→“测试影片”命令（快捷键为【Ctrl+Enter】），观看影片播放效果。

（6）选择“文件”→“另存为”命令，保存 Flash 文档为 flash_fl1_1.fla。选择“文件”→

“导出”→“导出影片”命令，导出影片 flash_fl1_1.swf。

2. 制作一个形变动画，红色文字“你幸福”形变到蓝色文字“我快乐”，效果参见样例 y11_2.swf，结果保存为 flash_fl1_2.fla，并导出影片为 flash_fl1_2.swf。

分析：

形变动画中参与动画的对象必须是矢量图（形状），不得使用元件。对于输入的文本，可以通过“修改”→“分离”命令将文字打散，转化为矢量图。

操作步骤：

（1）新建一个 Flash 文档，帧频为 10 fps。在第 1 帧处输入文字“你幸福”，设置为 60 磅、红色、华文行楷，根据样例调整放置的位置。在第 5 帧处插入关键帧。在第 15 帧处插入空白关键帧，输入文字“我快乐”，设置为 60 磅、蓝色、华文彩云，并调整到适当位置。在第 20 帧处插入帧。

（2）选中第 5 帧中的文字，执行“修改”→“分离”命令两次，将文字打散成点，转化为矢量图。文字打散的过程如图 11-2 所示。同样，打散第 15 帧中的文字。

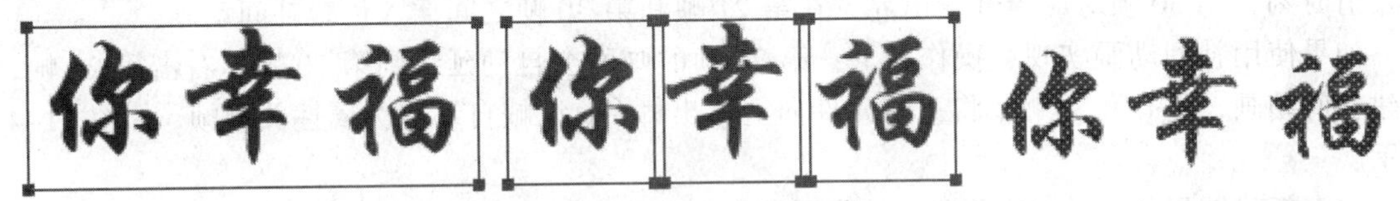

图 11-2　文字打散的过程

（3）右击第 5 帧，在弹出的快捷菜单中选择“创建补间形状”命令。

（4）调试后选择“文件”→“导出”→“导出影片”命令，导出影片 flash_fl1_2.swf。

3. 利用实验配套文件“风扇.fla”制作如图 11-3 所示的有 3 片叶子的电扇转动的动画，效果参见样例 y11_3.swf，结果保存为 flash_fl1_3.fla，并导出影片 flash_fl1_3.swf。

图 11-3　电扇转动动画

分析：

要让 3 片叶子一起协调旋转，可以将其组合成一个元件。为使各元件互不干扰，可让转动的叶、罩、座各占一个图层，并需要注意图层的上下顺序。

操作步骤：

（1）调整舞台大小为宽 400 像素、高 400 像素，背景色为淡黄（#FFFF99）。

（2）打开“库”面板，在第 1 帧处用元件“叶”制作电风扇：3 片叶中心对齐，选择“修改”→“变形”→“缩放和旋转”命令，将其他两片分别转过 +120° 和 -120°，并将叶尖汇合在轴的位置，组合后转换为元件“扇”保存到库中，此时第 1 帧的内容就是电风扇。

（3）在第 30 帧处插入关键帧，即将第 1 帧和第 30 帧设置为相同的内容，中间以传统补间动画或补间动画过渡，顺时针旋转 3 次。双击图层名称，将该图层重命名为“扇”。

（4）在“扇”图层下面新建一层，放入元件“座”，双击层名，将该图层重命名为“座”。

（5）在“扇”图层上面新建一层，放入元件“罩”，双击层名，将该图层重命名为“罩”。

（6）另加一个图层，用自己的姓名学号替换“样例”两字。调试后导出影片。

4. 利用实验配套文件制作火箭发射的动画，先出现倒计时，然后火箭发射升空，效果参见样例 y11_4.swf，结果保存为 flash_fl1_4.fla，并导出影片 flash_fl1_4.swf。

分析：

倒计时画面只需逐个显示数字，不需要补间动画。每个数字停留的帧数由动画的帧频乘以 1 秒得到。火箭发射使用传统补间或补间动画制作。

操作步骤：

（1）新建一个 Flash 文档，设置文档背景色为#0099FF、帧频为 5 fps。

（2）在图层 1 的第 21 帧处插入空白关键帧，将“发射场”图片导入舞台并对齐，静止帧延续到 30 帧。

（3）新建图层 2，在该层的第 21 帧处插入空白关键帧，选中第 21 帧将“火箭”图片导入到舞台，右击图片，在弹出的快捷菜单中选择“转换为元件”命令，将火箭转换为图形元件。

火箭发射动画如果使用传统补间实现，操作如下：在第 30 帧处插入关键帧，第 21 帧对应于发射时刻，第 30 帧对应于升空出界，在第 21 帧和第 30 帧之间插入传统补间动画。

如果使用补间动画实现，操作如下：第 21 帧的画面会自动延续到第 30 帧，右击第 21 帧，创建补间动画，选中第 30 帧，将火箭元件向上移出舞台，该帧自动变为属性关键帧，如图 11-4 所示。

（4）新建图层 3，制作计数器，使得屏幕上每隔 1 秒（这里等于 5 帧）显示数字 5、4、3、2、1，字体大小为 100，颜色为白色，相对于舞台居中，调试后导出影片。

图 11-4　火箭发射动画效果的时间轴

三、实训

1. 新建一个 Flash 文档，设置舞台大小为 125 × 120 像素，制作如图 11-5 所示的蝴蝶振翅的逐帧动画，效果参见样例 fy1_1.swf，导出影片 flashsy1_1.swf。

    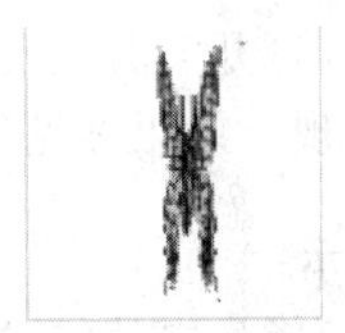

图 11-5 蝴蝶振翅

提示：

① 将 hudie 文件夹中 b1.gif～b5.gif 五幅图片导入到库，分别在第 1～5 帧放入图片。

② 用复制帧和粘贴帧的方法在第 6～9 帧放入以中间对称的图片。

2. 新建一个 Flash 文档，制作一个大小为 100 的红渐变色字母 A 到蓝渐变色 B，到绿渐变色 C，再回到彩虹色 A 的形变动画，效果参见样例 fy1_2.swf，导出影片 flashsy1_2.swf。

提示：补间形状动画需要将字母打散一次变成矢量。

① 设置舞台宽 150 像素、高 150 像素，背景为黄色。

② 在第 1 帧输入 A；在第 11 帧插入空白关键帧，输入 B；在第 21 帧插入空白关键帧，输入 C；在第 31 帧插入空白关键帧，输入 A，持续到第 40 帧。

③ 选中各字母后按【Ctrl+B】组合键或选择“修改”→“分离”命令，将字符转为矢量。分别用相应颜色填充各字符，并在各关键帧之间创建“补间形状”动画。

3. 新建一个 Flash 文档，制作文字变形动画，文字“绿化祖国”变形为“造福后代”，效果参见样例 fy1_3.swf，导出影片 flashsy1_3.swf。

提示：补间形状动画需要将文字打散两次变成矢量。

① 设置舞台背景色为#9999FF，帧频为 10 fps。

② 在第 1 帧处输入相对舞台居中的文字“绿化祖国”，华文行楷、120 号。将文字分离，分别用黑色笔触颜色和彩色填充色进行填充。

③ 在第 6 帧处插入关键帧，在第 25 帧处插入空白关键帧并输入“造福后代”，设置同“绿化祖国”。在第 30 帧处插入帧。

④ 在第 6～25 帧间创建“补间形状”动画。

4. 制作如图 11-6 所示的钟摆动画，效果参见样例 fy1_4.swf，导出影片 flashsy1_4.swf。

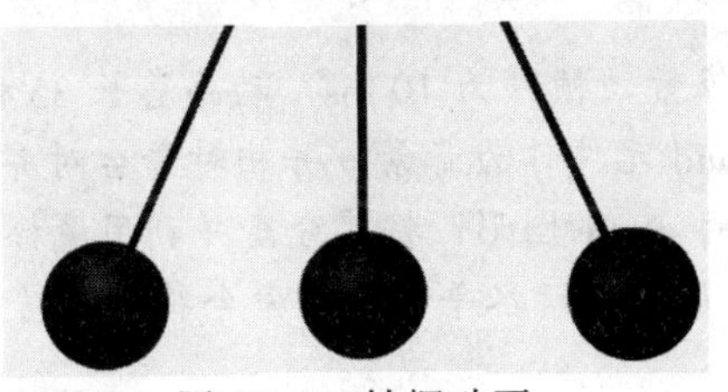

图 11-6 钟摆动画

提示：钟摆运动是来回旋转，旋转动画中的旋转对象需要采用元件，元件中心为旋转中心。钟摆可用直线和圆组成，然后转换为元件，使用任意变形工具将元件中心移到钟摆的顶部。将该元件放在 3 个关键帧实现摆动。

5. 打开实验配套文件“让世界充满爱.fla”，制作如图 11-7 所示的动画，文字按打字效果逐个出现，效果参见样例 fy1_5.swf，导出影片 flashsy1_5.swf。

提示：

① 将库中的红心元件拖入舞台，在第 6 帧处插入关键帧，将文字元件拖入到舞台，分离出“让”字，调整其位置和角度。

② 在第 11 帧处插入关键帧，将文字元件拖入到舞台，并转化成静态文本，分离出“世”字，调整其位置和角度。

③ 每隔 5 帧重复以上操作，使得文字环绕红心。

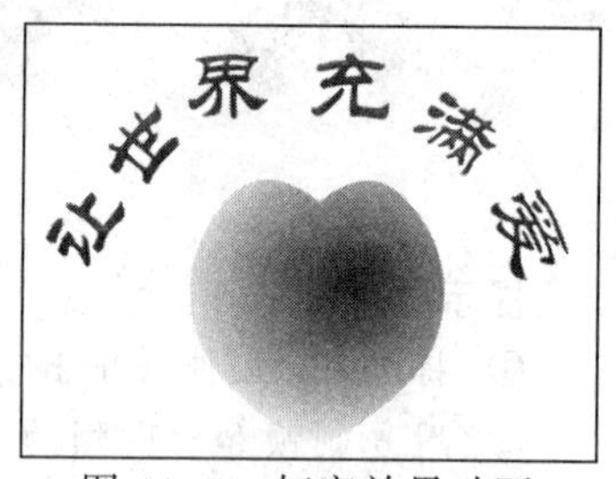

图 11-7　打字效果动画

注意：本题也可以采用多层的方式实现打字效果。

6. 打开实验配套文件“人.fla”，制作如图 11-8 所示的动画，“人”和“圆环”在运动中改变大小和透明度，效果参见样例 fy1_6.swf，导出影片 flashsy1_6.swf。

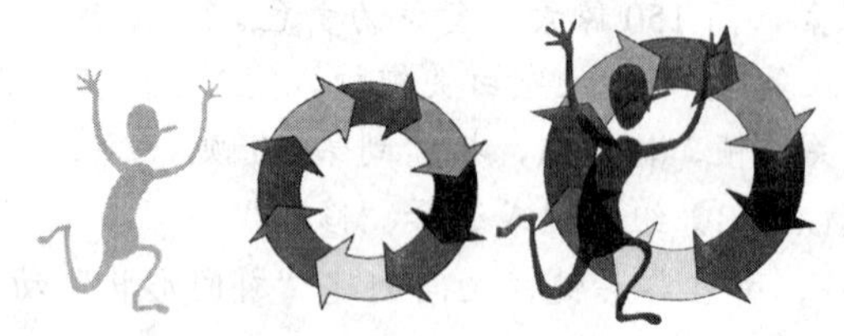

图 11-8　改变大小和透明度动画

提示：通过设置 Alpha 值改变透明度。

① 将圆环大小设为 80×80 像素，转换成“元件 1”；人的大小设为 55×75 像素，转换成“元件 2”。

② 整个动画过程共 40 帧，第 1 帧处人的 Alpha 值为 0%，第 20 帧处人的大小设为 330×430 像素，圆环的大小设为 400×400 像素，第 40 帧处圆环的 Alpha 值为 0%。

7. 打开实验配套文件“飞机穿越云海.fla”，制作如样例 fy1_7.swf 所示的飞机穿越云海的动画效果，导出影片 flashsy1_7.swf。

提示：飞机的运动可以是传统补间动画或补间动画，需要将飞机转化成元件。云海把飞机挡住，说明在飞机上有一个图层，该图层中只有云彩。

① 文档大小为 550×400 像素，帧频为 10 fps，动画总长 35 帧。

② 图层 1 使用库中的 cloud 元件作为背景，并相对舞台对齐。

③ 在图层 2 中拖入库中的 plane 图形，将其分离并利用魔棒工具去除背景，再将飞机转化为元件，选择“修改”→“变形”→“水平翻转”命令将其翻转并缩小为原来的 50%，制作从左侧飞行到右上的动画。

④ 在图层 3 中拖入库中的 cloud 元件，相对舞台对齐，需要去除蓝色天空的区域，这样才能看到图层 2 中的飞机。可先分离 cloud 元件，再用魔棒工具去掉蓝色天空。

8. 打开实验配套文件“箭穿靶.fla”，制作如样例 fy1_8.swf 所示的 3 箭穿靶的动画效果，导出影片 flashsy1_8.swf。

提示：

① 制作 3 个元件：把库中的 target 图形拖入，用任意变形工具压扁，以“元件 1”存入库中；再将“元件 1”分离后，去掉右半部分，以“元件 2”存入库中，把库中的 arrow 图形调入，顺时针转 90°，修改宽度和高度，以“元件 3”存入库中。

② 在图层 1 中拖入“元件 1”，水平靠右，垂直居中放置，整个动画延续至 40 帧。

③ 在图层 2 的第 1 帧处拖入“元件 3”，放在左下方，用任意变形工具把蓝色的箭头调整到合适取向。在第 20 帧处插入关键帧，并顺其运动轨迹（通过靶中心）移到舞台界外，创建传统补间动画。

④ 在图层 3 的第 1 帧处拖入“元件 3”，放在左上方，箭头改成绿色，用任意变形工具把箭头调整到合适的取向。在第 30 帧处插入关键帧，并顺其运动轨迹（通过靶中心）移到舞台界外，创建传统补间动画。

⑤ 在图层 4 的第 1 帧处拖入“元件 3”，放在左中间，箭头改成红色，用任意变形工具把箭头调整到合适的取向。在第 10 帧和第 40 帧处插入关键帧，并顺其运动轨迹（通过靶中心）移到舞台界外，创建传统补间动画（第 1～10 帧静止）。

⑥ 新建图层 5，把“元件 2”镶在“元件 1”的左半边。各层的关系如图 11-9 所示。

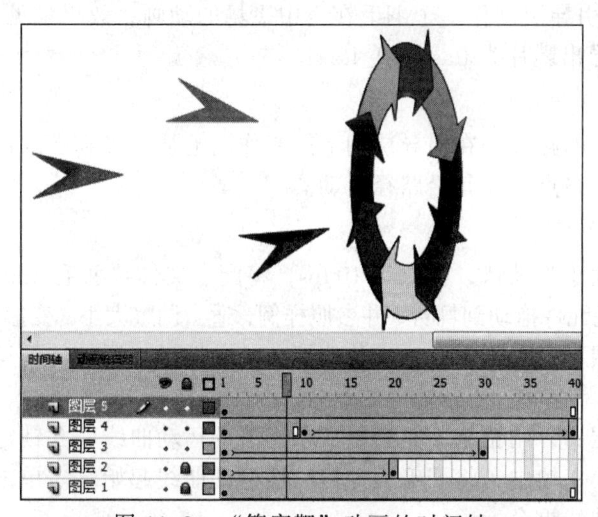

图 11-9　“箭穿靶”动画的时间轴

实验 12 Flash 基本操作二

一、实验目的

（1）掌握利用补间动画、传统运动引导层制作曲线运动的方法。

（2）熟悉遮罩层的作用，学会利用遮罩制作各种特殊效果。

（3）了解影片剪辑元件。

（4）了解如何为动画添加音效。

二、实验范例

1. 利用传统运动引导层制作一个羽毛在空中飞舞的动画，效果参见样例 y12_1.swf，保存为 flash_fl2_1.fla，并导出影片为 flash_fl2_1.swf。

分析：

在引导层绘制平滑的路径，在引导层的下层制作羽毛从上飞到下的传统补间动画，将元件中心对齐在路径起点、终点，让其沿路径运动。

操作步骤：

（1）新建文档，大小为默认，帧频为 10 fps，将配套文件“羽毛.wmf”导入到库。

（2）将库中的羽毛元件拖动到舞台，并参照样例，适当调整大小、变形，延长画面到第 60 帧。

（3）在时间轴图层 1 上右击，在弹出的快捷菜单中选择“添加传统运动引导层”命令，添加运动引导层。

（4）在运动引导层中，用铅笔工具绘制一条光滑的运动曲线，并锁定引导层。

（5）在图层 1 的第 1 帧中，将羽毛元件拖动至运动曲线起始端。单击工具箱中的按钮，同时使元件中心点与曲线重合。

（6）在第 50 帧插入关键帧，将羽毛放大，拖动至曲线终端，并水平翻转。注意元件中心点与曲线终端重合。

（7）在第 60 帧处插入帧，保持羽毛的静止状态。

（8）右击第 1 个关键帧，在弹出的快捷菜单中选择“创建传统补间”命令。选中第 1 帧，在属性面板中，“缓动”为 20，选中“调整到路径”和“贴紧”复选框。

（9）新建一个图层，用自己的姓名学号替换“样例”两字。测试影片后，保存 Flash 文件并导出影片。

注意：“调整到路径”是指在引导层动画中，使对象根据引导线的曲率进行旋转。否则，按引导线平移。

2. 打开实验配套文件“画卷.fla”，通过遮罩功能，制作如图 12-1 所示的画卷展开动画，效果参见样例 y12_2.swf，导出影片为 flash_fl2_2.swf。

分析：

动画需要分 3 层：下面图层放“画”；中间图层是遮罩层，放“元件 1”并设置从小到大的传统补间动画，也就是让透过遮罩的可见范围逐渐变大；上面图层放画轴元件，用传统补间动画做从上到下的移动动画。

图 12-1　画卷展开

操作步骤：

（1）调整舞台大小为 400×600 像素，背景色为红色（#CC3333）。

（2）打开“库”面板，在第 1 帧处拖入“画.jpg”图片，调整其大小及位置，整个动画延续至第 60 帧。

（3）新建一个图层，在第 1 帧处拖入“元件 1”，调整大小及位置，使其刚好覆盖画的上部画轴。在第 60 帧处插入关键帧，使“元件 1”覆盖整个画面。插入传统补间动画。

（4）右击图层 2，在弹出的快捷菜单中选择“遮罩层”命令，图层 2 立即成为遮罩层。同时，紧靠下面的图层 1 缩进，成为被遮罩层。两图层均自动被锁定，出现遮罩效果，即画卷慢慢展开。

（5）在图层 2 上方新建图层，第 1 帧处放入“元件 2”，调整大小并将其紧贴上部画轴，在第 60 帧处插入关键帧，将“元件 2”拖至画面底部。插入传统补间动画。

（6）调试后导出影片 flash_fl2_2.swf。

3. 制作一个如样例 y12_3.swf 所示的光影变幻的文字效果，导出影片为 flash_fl2_3.swf。

分析：

动画共分两层：下面图层是黑白相间的填充背景，并且设成运动效果；上面图层是文字“光影”，设成遮罩层，相当于开了一个文字形状的“窗户”，看到下面移动的影。

操作步骤：

（1）新建一个文档，大小为 550×400 像素，帧频为 10 fps，背景为黄色（#FFFF00）。

（2）选中第 1 帧，在舞台中央输入文字“光影”，字体设置为“华文琥珀”，大小为 120。在第 35 帧处插入帧。把“图层 1”重命名为“文字”。

（3）新建图层，命名为“背景”，将其拖动到“文字”图层的下方。

（4）打开“颜色”面板，在“类型”下拉列表框中选择“线性”选项。设置渐变为由黑色到白色的多重渐变。选中“背景”图层的第 1 帧，用矩形工具画一个由黑白线性渐变填充的矩形，其高度要能够把“光影”两个字罩住，宽度要将文字罩住并在文字左侧有较大空余。将此矩形转换为元件。

（5）在“背景”图层的第 35 帧处插入关键帧。在舞台上将矩形右移，以左侧刚好罩住文字为限。添加传统补间动画。

（6）将“文字”图层设置为“背景”图层的遮罩。测试并导出影片。

4. 利用实验配套文件“蝶恋花.fla”，制作一对蝴蝶在花丛中飞舞的动画，插入“提琴.swf”动画，并同步播放音乐“梁祝”，效果参见样例 y12_4.swf，导出影片为 flash_fl2_4.swf。

分析：

黄色蝴蝶是直线运动的，用传统补间动画即可。黑色蝴蝶是曲线运动的，需要用传统引导层动画或补间动画实现，下面以传统引导层动画为例来讲解。音乐处理需要一个单独的图层。

操作步骤：

（1）将蝴蝶动画 hd1.swf 和 hd2.swf、提琴.swf、梁祝.wav 导入到库，选择“窗口”→“库”命令，打开“库”面板。

（2）在图层 1 的第 1 帧处拖入“花丛”素材，用任意变形工具修改大小覆盖整个舞台，在第 100 帧处插入帧，则图片背景延长到第 100 帧。

（3）新建图层 2，在第 1 帧的左下方插入蝴蝶的影片剪辑，通过任意变形工具调整其大小和方向，使其朝向中间的小花朵。第 15 帧时飞到花朵处并停留至第 30 帧，到第 35 帧逆时针转 90°，到第 50 帧飞出界外。第 51 帧旋转 180° 往回飞，到第 80 帧飞出下边界。

（4）新建图层 3，在第 1 帧的右下方插入蝴蝶的影片剪辑，通过任意变形工具调整其大小和方向，使其朝向中间的大花朵。在第 80 帧插入关键帧，添加导引层，使第二只蝴蝶沿复杂的路径飞舞。停留到第 90 帧，到第 100 帧飞出右边界。

（5）新建一个图层，插入“提琴.swf”动画和声音文件“梁祝.wav”，“同步”设为“开始”，循环方式为重复 1 次。

注意：

数据流：声音流无论多长，随动画的结束而停止播放。

事件：如果触发了声音事件，会自动播放直到结束，不受动画制约。如果音轨时间长于动画，则动画第 2 次事件发生时声音叠在前次之上，成为“多重唱”。

开始：同“事件”。但如果声音正在播放，就不会播放新的声音。

停止：可以插入关键帧，在该帧停止播放声音。

（6）参照图 12-2 所示调试并导出影片。

图 12-2　蝴蝶飞舞的时间轴

三、实训

1. 制作文字“欢迎光临”淡入、翻转和旋转等功能的动画，效果参见样例 fy2_1.swf，导出影片 flashsy2_1.swf。

提示：将文字制作成元件，并制作补间动画或传统补间动画。

2. 制作文字具有倒影效果并由左向右移动的动画，如图 12-3 所示，效果参见样例 fy2_2.swf，导出影片 flashsy2_2.swf。

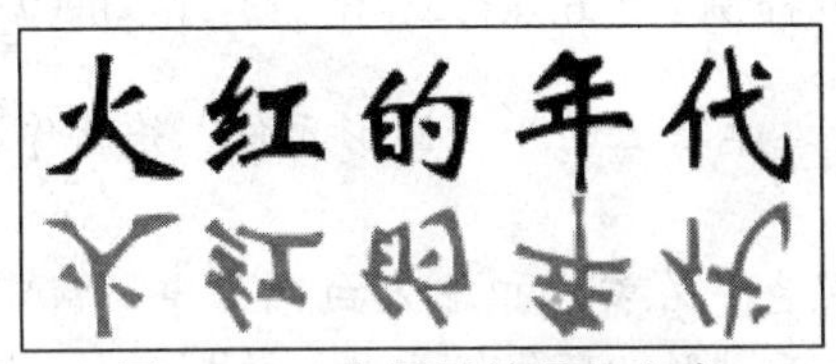

图 12-3　有倒影效果的文字

提示：利用任意变形工具对文字元件进行翻转，并设置透明度制作倒影。

3. 打开实验配套文件“落叶飘零.fla”，制作落叶飘零效果的动画，如样例 fy2_3.swf 所示，导出影片 flashsy2_3.swf。

提示：

① 可以用传统运动引导层制作动画，此外还要根据效果设置旋转或利用任意变形工具设置叶子的翻转。

② 拖入库中的 Leaf 图片，缩小为 30%，制作树叶按一定路径运动的效果，需要对 Leaf 进行适当旋转或翻转。

③ 文字“落叶飘零”设置为“隶书”、38 pt、蓝色。

还可以用补间动画的方法制作本题效果。

4. 打开实验配套文件“樱花.fla”，制作如图 12-4 所示的樱花环绕文字旋转的动画，效果参见样例 fy2_4.swf，导出影片 flashsy2_4.swf。

图 12-4　旋转运动

提示：要制作传统引导层圆周运动动画，必须让圆周有个缺口。

① 在图层 1 中将库中的“背景”图片拖入，并相对舞台对齐，动画延续至第 40 帧。

② 新建图层 2，拖入“花”图片。为图层 2 添加传统运动引导层，在引导层中绘制一个只有笔触颜色的椭圆，用橡皮擦工具在椭圆底部擦去一个小口。回到图层 2，调整樱花运动起始与终止的位置，使其绕椭圆逆时针运动。

③ 用同样的方式绘制一个顺时针运动的樱花。

④ 新建图层，输入文字“樱花”，可通过不同颜色文字的移位达到样例效果。

5. 打开实验配套文件“滚动字幕.fla”，制作字幕由下向上滚动的动画，效果参见样例 fy2_5.swf，导出影片 flashsy2_5.swf。

提示：需要将文字图层设成遮罩层，并在文字下面添加彩色背景。

① 设置文档帧频为 6 fps，在图层 1 中将库中的图片拖入，调整大小和位置，动画延续至第 100 帧。

② 新建图层 2，绘制一个无笔触颜色的彩色椭圆形。

③ 新建图层 3，输入一首歌词（再回首.txt）。在第 1 帧处将歌词放置椭圆下方。在第 100 帧插入关键帧，将歌词放置椭圆上方。设置传统补间动画，即歌词从舞台下方缓缓上移。将图层 3 的属性改为“遮罩层”。

6. 制作具有探照灯效果的文字动画，在黑色背景下动态显示部分文字，如图 12-5 所示。效果参见样例 fy2_6.swf，导出影片 flashsy2_6.swf。

图 12-5 探照灯效果

提示：“探照灯”其实就是遮罩层上的一个圆形元件，并制作圆从左向右移动的动画。

① 设置文档背景颜色为黑色。在舞台中输入白色文字“探照灯”。

② 新建图层 1，绘制一个正圆形，颜色任意，拟作探照灯。将圆形转换成图形元件。插入第 2 个关键帧，将圆形移到舞台右则。设置传统补间动画。

③ 将图层 2 的属性改为“遮罩层”。

7. 打开实验配套文件“水滴.fla”，制作滴水效果动画，水滴从上向下掉落，落至底部后出现水波，水波从小变大，如样例 fy2_7.swf 所示，导出影片 flashsy2_7.swf。

提示：水滴掉落就是一个简单的直线运动，水波从小变大，通过设置透明度达到消失的效果。

① 设置文档大小为 550×400 像素，帧频为 10 fps，背景色为#003399，动画总长 46 帧。

② 使用元件库中的 shuiz 图形，使水滴自上而下到第 10 帧落至底部。

③ 使用元件库中的 bo 影片剪辑，在第 10～41 帧中展现逐渐展开的水波动画，最终的不透明度为 0%。

④ 为增加推波助澜的动画效果，如同③，从第 15～46 帧再制作逐渐展开的水波动画。

8. 打开实验配套文件“圣诞快乐.fla”，制作贺卡。圣诞老人旋转并移动，出现“圣诞快乐”文字，背景在亮与暗之间交替变化，在动画中添加音效，效果参见样例 fy2_8.swf，导出影片 flashsy2_8.swf。

提示：制作圣诞老人旋转并移动的动画。文字设成遮罩层，文字底下的彩色图案设成移动的动画。时间轴如图 12-6 所示。

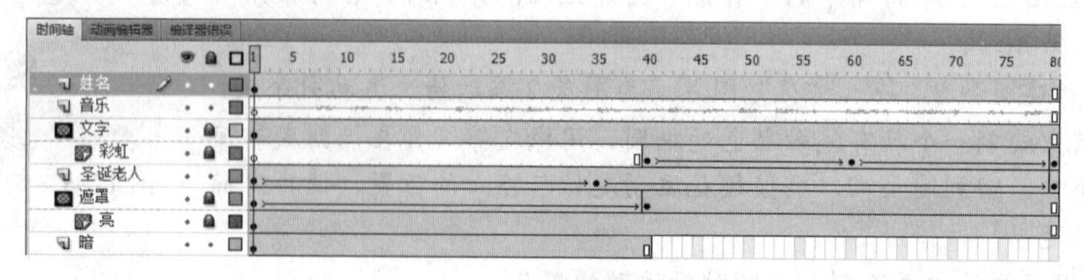

图 12-6 贺卡的时间轴

（1）背景亮度改变。

① 把图形元件“背景”拖入舞台，将其亮度变暗，调到-50%，将图层 1 重命名为“暗”，在第 40 帧处插入帧。

② 新建一个图层，命名为“亮”，将“背景”元件拖入舞台放在第 1 帧，第 80 帧插入帧（亮背景延续到结束）。

③ 在“亮”背景上方新建一个图层，命名为“遮罩”。在第 1 帧处拖入元件“矩形”放置舞台外的下方。在第 40 帧处插入关键帧。用任意变形工具将此元件放大到和舞台一样大，插入传统补间动画。

④ 右击该层控制区，从弹出的快捷菜单中选择“遮罩层”命令，锁定此两层，然后按【Enter】键测试动画，看背景是否由暗向上逐渐变亮。

（2）圣诞老人转动。

① 新建图层 4，命名为“圣诞老人”，从库中把元件“圣诞老人”拖入，置于舞台右上角。

② 在第 35 帧和第 80 帧处分别插入关键帧，在第 1～35 帧之间插入传统补间动画，“圣诞老人”原位逆时针旋转 2 周。第 80 帧时“圣诞老人”位于舞台左下角，在第 35～80 帧之间插入传统补间动画，使“圣诞老人”逆时针方向旋转 2 圈，到达左下角。

（3）文字遮罩动画。

① 新建图层，命名为“彩虹”，在第 40 帧处插入关键帧，放入元件“彩虹”，位置向左拖出舞台，使彩虹条的右边界和舞台右边界对齐。

② 在第 60 帧和第 80 帧处分别插入关键帧，第 60 帧的彩虹条右移至使其左边界和舞台左边界对齐，舞台中正好覆盖下面的 4 个字，分别在第 40～60 帧、第 60～80 帧之间插入传统补间动画。

③ 新建图层，命名为“文字”，拖入元件“文字”。右击“文字”图层，在弹出的快捷菜单中选择“遮罩层”命令。

（4）添加音效。

① 新建图层并命名为“音乐”，将声音文件 jinbell.mp3 拖入舞台，音乐和动画同步设为“开始”。

② 新建图层，输入自己的姓名和学号，按【Enter】键观看演示，如果要动作进程慢一点，可把帧频由 12 fps 改为 8 fps，调试完成后导出影片。

实验 13　网络基础

一、实验目的

（1）掌握局域网接入 Internet 的配置方法。

（2）了解 Windows 7 操作系统环境下的网络设备状态检查。

（3）理解 Windows 7 局域网接入的配置参数的含义。

（4）了解 Windows 7 操作系统环境下的网络测试命令。

（5）掌握在 Windows 中资源共享的设置方法。

（6）掌握共享资源的使用方法。

二、实验范例

1. 查看网络适配器的安装状态和参数配置。

分析：

网络适配器即网卡，是计算机联网的设备。网络适配器正常运行，是计算机能够联网的前提。

操作步骤：

（1）右击桌面上“计算机”图标，在弹出的快捷菜单中选择“属性”命令，打开“系统”窗口，单击左侧的“设备管理器”超链接，打开“设备管理器”窗口，如图 13-1 所示。在设备管理器窗口右边的列表中选择“网络适配器”项目，可查看网卡的安装状态。

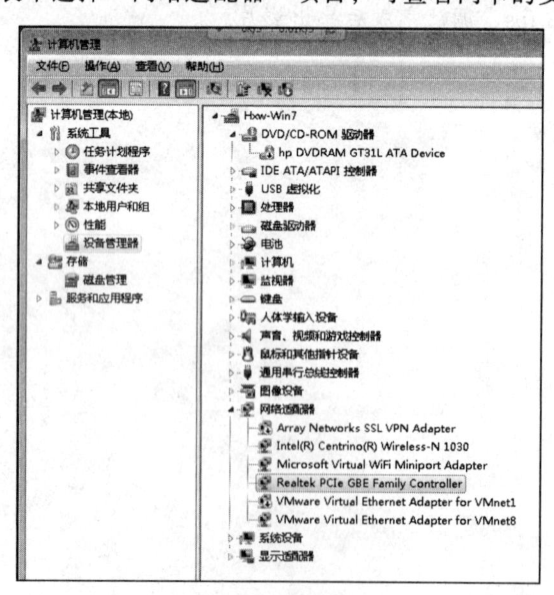

图 13-1　设备管理器窗口

（2）选择网卡并右击，在弹出的快捷菜单中选择“属性”命令，打开该网卡的属性对话框，可查看网卡的属性参数配置。

（3）选择网卡并右击，在弹出的快捷菜单中选择“更新驱动程序软件”、“禁用”或“卸载”等命令，可实现网卡驱动程序的更新、停用和卸载等操作。

2. TCP/IP 安装和参数配置。

分析：

TCP/IP 是网络中使用的基于软件的标准通信协议，TCP/IP 可使不同环境下不同结点之间进行通信，是接入 Internet 的所有计算机在网络上进行各种信息交换和传输所必须采用的协议。

操作步骤：

（1）右击桌面上的“网络”图标，在弹出的快捷菜单中选择“属性”命令，打开“网络和共享中心”窗口，单击窗口左侧的“更改适配器设置”链接打开“网络连接”窗口。

（2）右击“网络连接”窗口中的“本地连接”图标，在弹出的快捷菜单中选择“属性”命令，如图 13-2 所示，打开“本地连接属性”对话框，如图 13-3 所示。

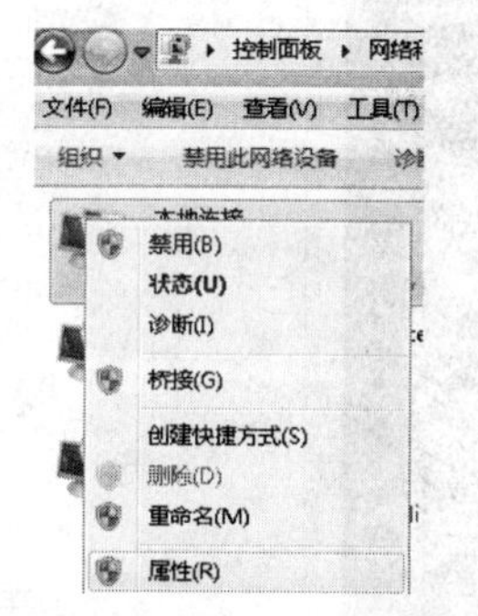

图 13-2　“网络连接”窗口

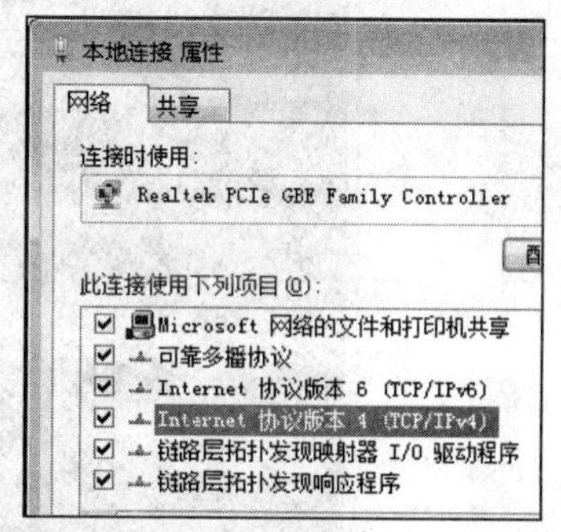

图 13-3　“本地连接属性”对话框

（3）若要安装协议，单击“安装”按钮，在“选择网络功能类型”对话框中选择“协议”并单击“添加”按钮。

（4）若已安装好 TCP/IP 协议，双击列表中的“Internet 协议版本 4（TCP/IPv4）”选项，打开“Internet 协议版本 4（TCP/IPv4）属性”对话框，如图 13-4 所示。

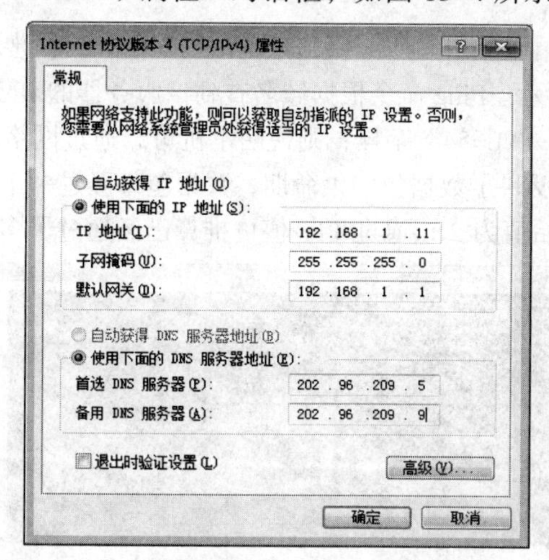

图 13-4　“Internet 协议版本 4（TCP/IPv4）属性”对话框

（5）选择“自动获得 IP 地址”或“自动获得 DNS 服务器地址”单选按钮，系统将自动向 DHCP 服务器申请 IP 地址和获得 DNS 服务器地址。

（6）用户自定义配置 IP 地址和 DNS 服务器，通常需要配置 IP 地址、子网掩码、默认网关、首选 DNS 服务器地址等。

3. 网络参数的查看及网络连通性的测试。

分析：

使用网络命令是进行网络测试和故障分析的必要手段，常用的网络命令有 ipconfig 和 ping。ipconfig 命令用来验证计算机接入 Internet 网络的参数配置情况，ping 命令用来测试网络的连通性。

操作步骤：

（1）在“开始”菜单的“搜索程序和文件”文本框中输入 cmd，进入命令提示符窗口。

（2）在命令提示符窗口中输入 ipconfig /all 后按【Enter】键，窗口中显示计算机网络的配置参数，如图 13-5 所示。其中有以太网的适配器（网卡）参数，网卡的物理地址，其他与图 13-4 所示类似。

图 13-5 查看网络配置参数

（3）在命令提示符窗口中输入 ping www.163.com 后按【Enter】键，测试本地机到“网易”服务器的连通性，如图 13-6 所示。Ping 命令根据域名查到该服务器的 IP 地址，“来自 101.227.66.158 的回复：字节=32 时间=7ms TTL=54”字样，则说明本机可以通过网络适配器与 101.227.66.158 连接。TTL（Time To Live）值反映了数据包的生命期，数据包每经过一个路由器，TTL 值减 1。数据包从源地点发送时，TTL 起始值为 2^k，通过 TTL 值可推算已经通过了多少个路由器。

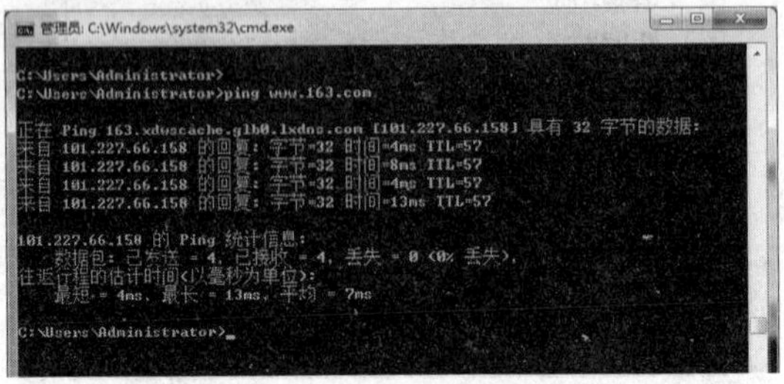

图 13-6 用 ping 命令测试网络的连通性

4. 计算机名标志与工作组设置。

分析：

为了使网络上的其他用户能访问计算机，必须给每台计算机一个唯一的名称以标识计算机，并将它们设置为同一工作组。任何有意义的名称都可以作为计算机名。

操作步骤：

（1）右击桌面上的“计算机”图标，在弹出的快捷菜单中选择“属性”命令，弹出“系统”窗口，再单击窗口右侧的“更改设置”超链接，打开“系统属性”对话框，在“计算机名”选项卡下单击“更改”按钮，弹出“计算机名/域更改”对话框。

（2）在“计算机名/域更改”对话框中输入计算机名称，或在“工作组”文本框中输入工作组的名称 WORKGROUP，如图 13-7 所示。

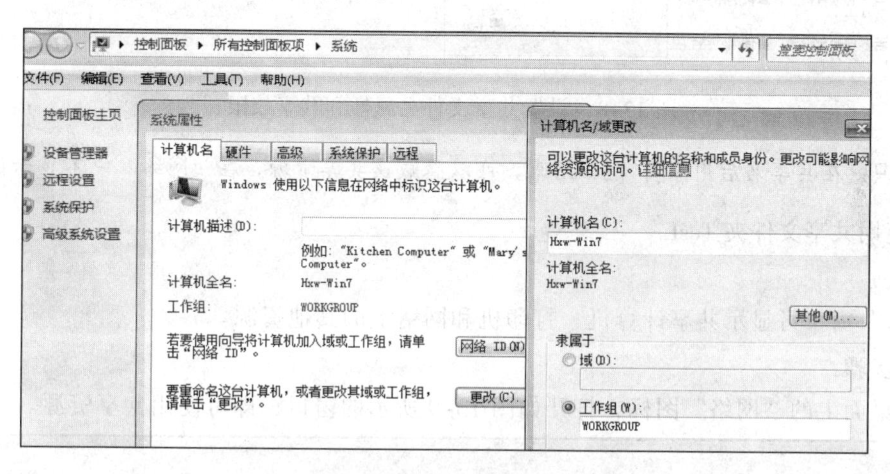

图 13-7　计算机名与设置工作组

5. 文件目录共享设置。

分析：

Windows 7 系统中的文件夹分为个人文件夹和共享文件夹。个人文件夹仅供某用户专用，共享文件夹是可被其他用户访问而提供的存储场所。每个共享对象需要一个共享名，是其他用户在访问该对象时看到的名称，默认为该对象名。

在 Windows 7 中，驱动器、文件夹或文件资源都可共享，实现共享有三种形式：同一计算机上多个用户共享文件或文件夹，在局域网上共享驱动器或文件夹和在 Internet 上共享。如果将文件或文件夹移动或复制到系统盘“用户”文件夹的“公用”子文件夹中，则计算机上的所有用户将都能访问它；通过快捷菜单中的“共享”或“属性”命令，可使文件夹或驱动器在局域网上共享；Internet 上的共享需将文件发布到 Web 服务器上。

操作步骤：

（1）在 C 盘根目录下建立文件夹 Test，并从其他目录中选择一个文件复制到 Test 文件夹内。

（2）右击 Test 文件夹，在弹出的快捷菜单中选择“属性”命令，打开“属性”对话框，在“共享”选项卡中单击“高级共享”按钮，在打开的“高级共享”对话框中设置共享名和共享权限，如图 13-8 所示。

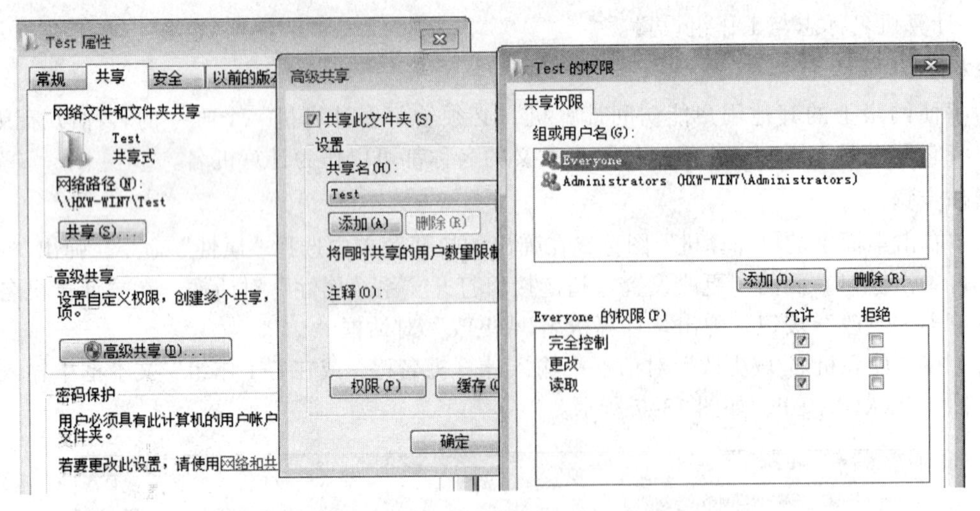

图 13-8　设置共享文件夹属性和共享权限

小知识：在共享名后用字符“$”结束，可以隐藏该共享资源，在“网络”中不显示该共享名。

6. 使用共享文件夹 Test。

分析：

“网络”窗口可显示共享计算机、打印机和网络上的其他资源。

操作步骤：

双击桌面上的“网络”图标，打开如图 13-9 所示的窗口，即可使用共享资源。

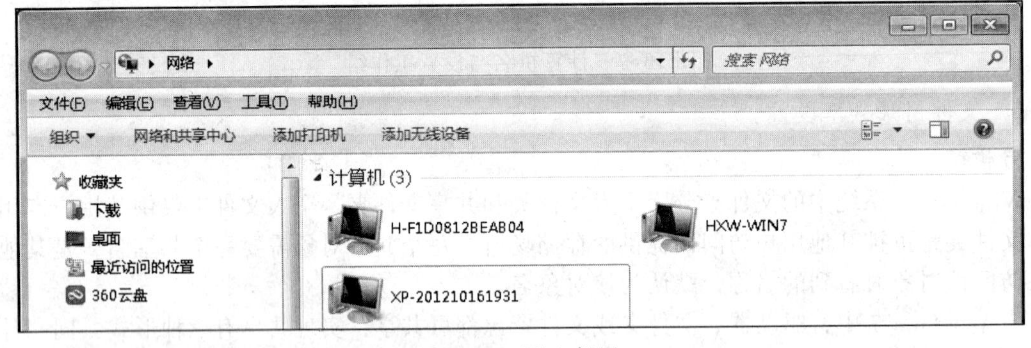

图 13-9　网上邻居

注意：如果在网络资源管理器中看不到自己的计算机，说明没有安装打印机与文件共享。

小知识：可以在命令提示符窗口中输入 net share 命令，查看本计算机上的共享目录。

三、实训

1. 查看本地网卡与 TCP/IP 属性值。

① 物理地址______________________。

② 本地链接 IPv6 地址______________________。

③ IPv4 地址______________________。

④ 子网掩码＿＿＿＿＿＿＿＿＿＿＿＿。

⑤ 默认网关＿＿＿＿＿＿＿＿＿＿＿＿。

⑥ DNS 服务器＿＿＿＿＿＿＿＿＿＿＿＿。

2. 使用 Ping 命令检查网络的连通性。

① 在命令提示符窗口中输入 Ping 127.0.0.1，查看反馈信息，测试计算机网卡是否工作正常。

② 用 Ping 命令测试上机环境内相邻计算机之间的连通性。

③ 使用 Ping 命令获取中国教育和科研计算机网 www.cernet.edu.cn 的 IP 地址，并分析从源地点到目标地点要通过几个路由器。

3. 设置 C 盘为网络上共享驱动器。

提示：在资源管理器内，右击“本地磁盘（C）”，在弹出的快捷菜单中选择“共享”→“高级共享”命令，在如图 13-10 所示的属性对话框内设置驱动器共享。

4. 将文件夹 Test 映射成驱动器，并在资源管理器中进行验证。

提示：在资源管理器中，选择菜单栏“工具”→“映射网络驱动器”命令，打开“映射网络驱动器”对话框，在“驱动器”下拉列表框中，选择将被映射的共享资源的驱动器号。在“文件夹”下拉列表框中，以“\\资源的服务器名\共享名”的形式输入资源名，如图 13-11 所示。

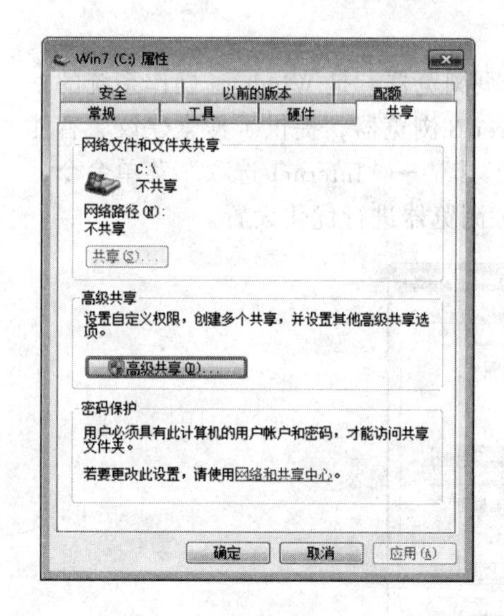

图 13-10　驱动器共享

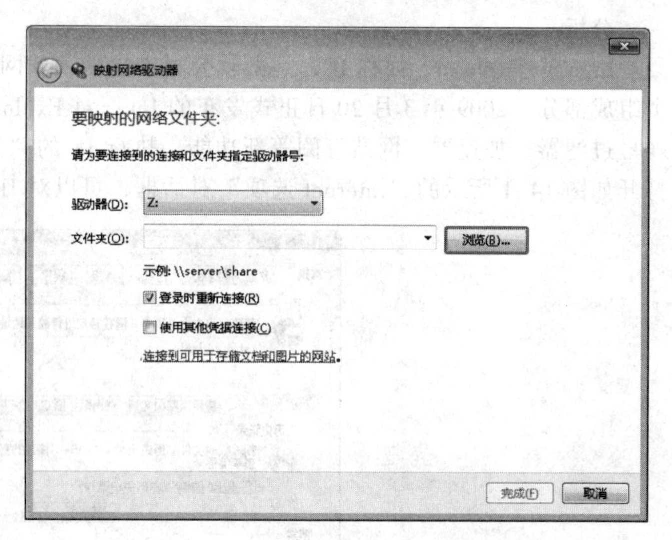

图 13-11　映射网络驱动器

5. 将上机环境内相邻的计算机设置为同一工作组，通过“网络”窗口验证设置是否正确。

实验 14 信息浏览与下载

一、实验目的

（1）掌握浏览器的使用方法，网页的下载、保存。

（2）掌握搜索引擎或搜索器的使用。

（3）熟悉文件服务目录的管理。

（4）掌握文件上传和下载方法。

二、实验范例

1. Internet 选项优化设置：默认主页、图片、动画和声音控制、临时文件、历史记录、Cookies、多媒体和安全等项目。

分析：

Internet Explorer，简称 IE，是微软公司推出的一款网页浏览器，是 Windows 操作系统的一个组成部分。2009 年 3 月 20 日正式发布的 Internet Explorer 8 浏览器，提供了搜索建议、智能屏幕过滤器、加速器、网站订阅等新功能。执行 IE 的“工具”→“Internet 选项”菜单命令，打开如图 14-1 所示的“Internet 选项”对话框，可以对 IE 浏览器进行优化设置。

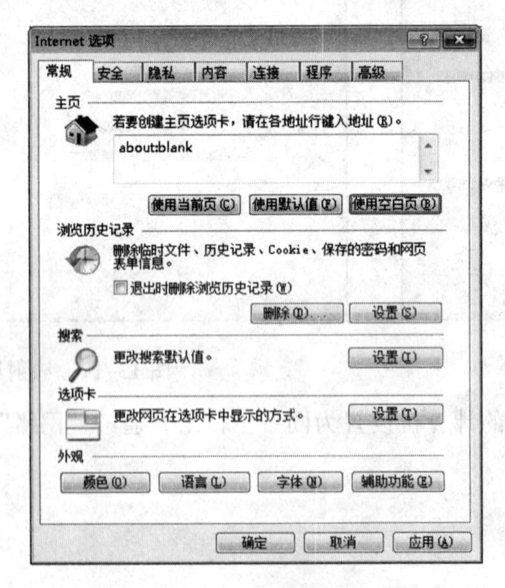

图 14-1 “Internet 选项”对话框

操作步骤：

（1）设置默认主页。

在“常规”选项卡的“地址”文本框中指定 URL。

（2）删除 Cookies 和临时文件。

Cookies 是网站保存在用户计算机上的信息文件，Cookies 可将本地计算机的信息反馈给网站服务器。一旦 Cookies 被黑客利用，则计算机的安全将存在潜在危险。

上网的过程中系统会自动在系统盘内把浏览过的图片、动画、Cookies 文本等数据信息保留在 C 盘临时文件夹内，它的好处是下次访问该网页时可加快上网的速度。但临时文件夹的容量不断增大，导致磁盘碎片的产生，影响系统的正常运行。

可在"常规"选项卡下删除 Cookies 或临时文件，也可以在"隐私"选项卡下设置阻止 Cookies 的级别。

（3）删除历史记录。

历史记录文件夹记录了最近一段时间内浏览的网站，可根据个人喜好输入数字来设定"网页保存在历史记录中的天数"（好的网站可以加入收藏夹），或直接单击"删除"按钮。

（4）设置浏览时对图片、动画和声音的控制。

在"Internet 选项"对话框"高级"选项卡下的"多媒体"选项中设置，如图 14-2 所示。

思考：当改变多媒体项目的设置后，比较当前显示页面与设置前显示页面的差异。

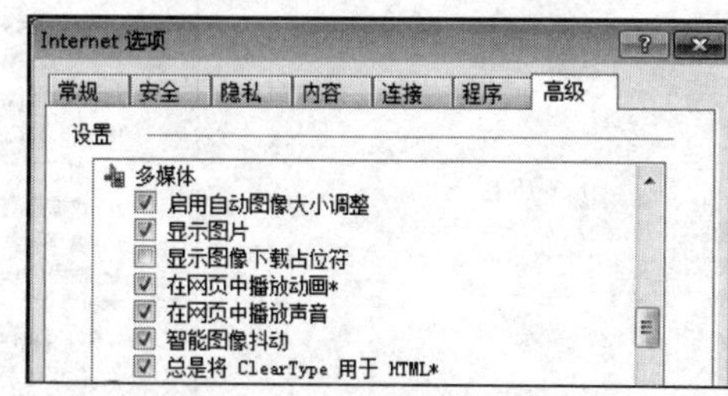

图 14-2 IE 的多媒体设置

（5）脚本控制。

Java、JavaApplet、ActiveX 等程序和控件为浏览网站时提供精彩特效的同时，也为恶意脚本语言或恶意控件非法窃取信息提供了方便。要避免这些问题，在安装防火墙的同时，还应该对 Java、JavaApplet、ActiveX 控件进行限制，以确保安全。

在"Internet 选项"对话框的"安全"选项卡中，选择 Internet 区域，并单击"自定义级别"按钮，打开"安全设置-Internet 区域"对话框，如图 14-3 所示。可以对 Java 脚本、ActiveX 控件和插件、用户验证等安全选项进行设置。

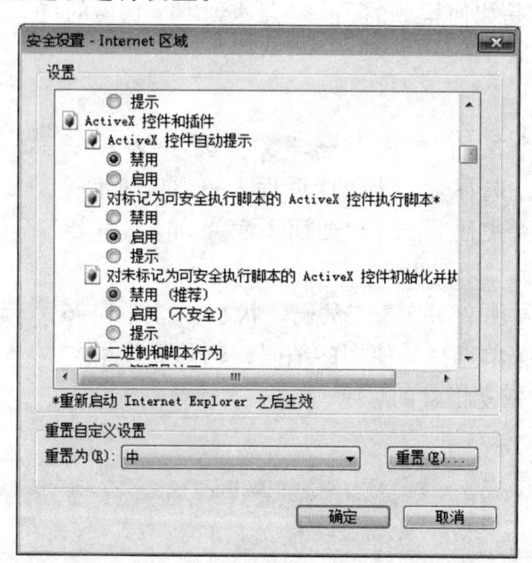

图 14-3 "安全设置-Internet 区域"对话框

（6）自动完成。

当第一次在网页的表单中输入用户名和密码后会弹出一个对话框，询问是否保存密码，若用户选择“是”，则以后进入该表单不必再输入用户名或密码（输入由 IE 的“自动完成”功能提供）。这样就存在安全漏洞，其他用户一旦输入了用户名的首字母，IE 的自动完成功能就会让其无须输入密码而拥有进入权限。为此，需要改变“自动完成”功能的设置。

在“Internet 选项”对话框的“内容”选项卡中单击“自动完成”区域的“设置”按钮，打开“自动完成设置”对话框，如图 14-4 所示，设置“自动完成”的功能范围：地址栏、表单、表单上的用户名和密码；还可通过“删除自动完成历史记录”按钮删除“自动完成”功能保留下来的密码和相关权限。

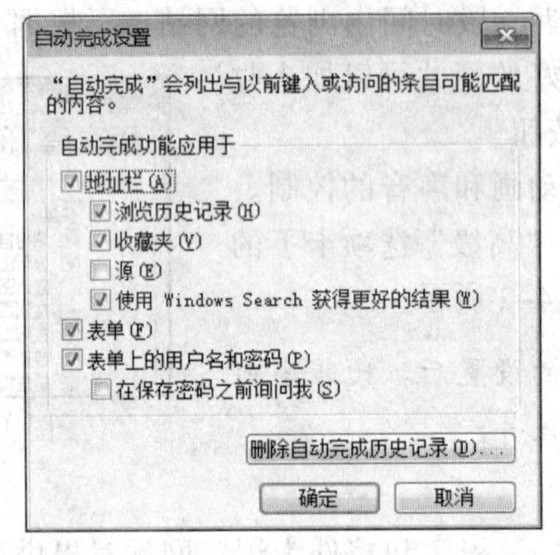

图 14-4 “自动完成设置”对话框

2. 调整 Web 网页的查看方式。

分析：

Internet Explorer 允许用户调整 Web 页的查看方式，也可查看网页的 HTML 源文件。对于想创建自己 Web 页的用户，可以采用这种方式查看其他 Web 页是如何构成的，一定会达到事半功倍的效果。

操作步骤：

（1）在 IE 中选择命令栏的“页面” → “文字大小”命令，调整网页上的字号大小。选择命令栏的“页面” → “源文件”命令，可了解超文本的源代码形式，“页面”菜单如图 14-5 所示。

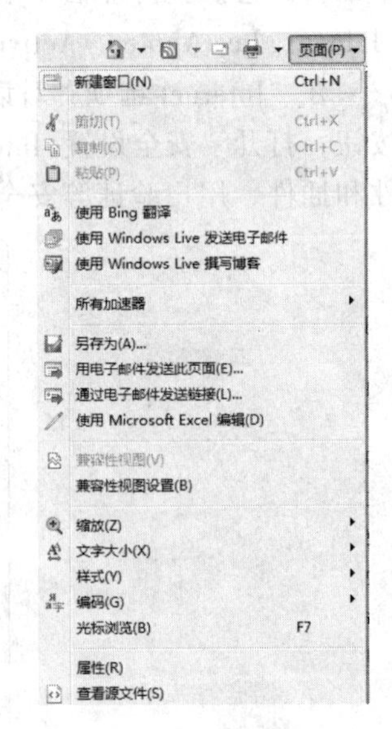

图 14-5 IE“页面”菜单

（2）若打开网页后，发现文字处于“乱码”状态，如图 14-6 所示，可通过“编码”子菜单选择要使用的编码，例如简体中文（GB2312），可以看到汉字恢复正常的显示。

Â¥¶ºÅû²Æ	ªÎ¿¼¼Û	¿É¸¡¶¯ù¶È	µ÷¼ÛÀúÊ·	×ÜÌ×Êý	×ÜÃæ»ý	ÏúÊÛ×´Ì¬
ËÉ½Çø²ã¸»ÁÖÂ·1188Åª140ºÅ	8700	20%	ªé¿´	28	3382.95	ÔÚÊÛ
ËÉ½Çø²ã¸»ÁÖÂ·1188Åª142ºÅ	8700	20%	ªé¿´	28	3382.95	ÔÚÊÛ

图 14-6 网页文字处于“乱码”状态

3. 搜索引擎的使用。

分析：

常用的“百度”、“新浪”、“谷歌”之类的搜索引擎属于机器搜索，大部分过程是由计算机来完成的。而“人肉搜索”是区别于机器搜索之外的另一种搜索信息方式，2007 年 6 月起源于“猫扑”网，是指利用人工参与来提纯搜索引擎提供信息的一种机制，更强调搜索过程的互动。搜索引擎有可能对一些问题不能进行解答。当用户的疑问在搜索引擎中不能得到解答时，就会试图通过人与人的沟通交流寻求答案。“百度知道”、“新浪爱问”、“雅虎知识堂”从本质上说都是“人肉”搜索引擎，它是由人工参与解答而非搜索引擎通过机器自动算法获得结果的搜索。“人肉搜索”可能导致侵犯隐私权，与法律相抵触，所以应该慎用。

搜索引擎通过使用关键词搜索有关信息，大多数情况下使用 1～2 个关键词搜索，关键词与关键词之间以空格隔开。在关键词前附加“-”，其作用是去除无关的搜索结果，提高搜索结果相关性。例如，用关键词“申花-足球”来搜索，得到“申花”的企业信息，过滤掉申花足球队的新闻。

操作步骤：

（1）利用“百度”搜索引擎查找教育部的网址。

进入 IE 浏览器，输入 http://www.baidu.com 进入“百度”网站主页，在搜索框中输入关键词“教育部”。

（2）查找上海旅游方面的信息，使用关键词“上海 旅游”。

注意：使用关键词的常见错误：

① 关键词含有错别字。

② 关键词太常见。

③ 关键词为多义词，例如 Java 可以是爪哇岛，一种著名的咖啡，也可指一种计算机语言。

④ 不是关键词。

4. 网页的保存。

打开教育部的主页，保存教育部网站标志的图片，并复制其中教育部人事任免的文本内容到文本文件中。

分析：

IE 浏览器提供了保存网页的方法，“保存类型”下拉列表框中有几种类型供选择。要保存当前网页中的所有文件，包括图形、框架等，可选择“网页，全部(*.htm;*.html)”类型，这种保存会自动生成一个 files 文件夹，用来存放网页图片和其他的一些相关素材，如果删除了 files 文件夹，那么主 HTML 文件也会被删除。

选择“Web 档案，单个文件(*.mht)”类型，会将网页的所有内容打包成为一个文件。

如果想将当前网页作为文本文件保存，而且可以被浏览器或 HTML 编辑器查看，则需要选择“网页，仅 HTML(*.htm;*.html)”类型；如果想将当前网页保存为可以被任何文本编辑器修改或查看的文本文件，则需要选择“文本文件”类型。

对于网页中部分文字内容，可直接选择文本进行复制，打开“记事本”等编辑程序，使用快捷键【Ctrl + V】将信息粘贴到文件中。

右击网页中的某张图片，在弹出的快捷菜单中选择“图片另存为”命令，可以保存图片。

操作步骤：

（1）进入 IE 浏览器，在地址栏输入 http://www.moe.edu.cn/。

用鼠标指向主页“中华人民共和国教育部”网站标志图片并右击，在弹出的快捷菜单中选择“图片另存为”命令，在弹出的“保存图片”对话框中选择相应的目录，单击“保存”按钮进行保存。

（2）单击“人事任免”超链接，进入相关页面，用鼠标选择要复制的内容，使文字呈现反向显示状态，按【Ctrl+C】组合键复制，然后打开“记事本”程序，按【Ctrl+V】组合键粘贴，再用“记事本”窗口中的“文件”→“保存”命令保存为 TXT 文件。

5. 用匿名账号登录文件服务器。

分析：

文件传输服务是目前 Internet 的广泛应用之一，是专为 Internet 用户提供大型文件传输的服务，具有传输速度快、网络带宽利用率高等特点。通常文件传输服务器中的目录和文件都设置有访问权限，包括读取、写入、创建目录以及它们的组合等。不同的用户账号具有不同的访问文件传输服务的权限，匿名账号通常只能读取即下载文件。

操作步骤：

假设文件传输服务器的 IP 地址为 192.168.1.4，在浏览器的地址栏直接输入 ftp://192.168.1.4 后按【Enter】键，如图 14-7 所示，可登录到文件传输服务器。

图 14-7　登录文件服务器

6. 文件上传与下载。

分析：

登录文件服务器后，根据用户权限可以上传文件到服务器，也可以从服务器下载文件。

操作步骤：

采用“复制”、“粘贴”命令下载文件。

① 用指定的用户账号登录文件服务器，进入指定的文件目录。

② 选中要下载的文件并右击，在弹出的快捷菜单中选择“复制”命令。

③ 在本地资源管理器中，进入存放下载文件的文件夹并右击，在弹出的快捷菜单中选择“粘贴”命令，文件将被下载到当前的文件夹中。

三、实训

1. 浏览器使用。

（1）设置浏览器的主页。

操作要求：将浏览器的主页设置为你所在学校校园网的主页。

（2）用 URL 直接连接网站浏览主页，并通过超链接浏览网页。

操作要求：输入“欣欣旅游网”站点的主页地址 http://www.cncn.com，然后通过主页中的“旅游景点”超链接浏览西安秦始皇兵马俑的相关信息。

（3）保存整个网页。

操作要求：保存“欣欣旅游网”站点的主页信息。

（4）保存网页中的图片。

操作要求：保存西安秦始皇兵马俑的图片。

注意：在地址栏中输入网站地址时，可以不必输入 http://，因为 IE 默认的协议就是 HTTP。

2. 搜索引擎的使用与信息查询。

（1）通过“网易”主页内的搜索器查找有关图灵奖和诺贝尔奖的信息，列出华人获奖者名单。

（2）使用搜索引擎 www.baidu.com 查找有关中国文化自然遗产的文字介绍和图片资料。

（3）使用中文搜索引擎指南网 www.sowang.com 提供的信息，选择一种搜索引擎，查找关于中国古代音乐史稿的相关资料。

（4）通过学校图书馆主页进入中国数字图书馆，查找关于鄂伦春族的介绍资料。

（5）使用 www.baidu.com 中的地图功能，查找从学校到所在城市火车站的交通线路。

（6）使用 http://map.sogou.com/，查找你的学校所在位置的卫星地图。

（7）使用网页在线翻译查询“中国共产党”的英文写法。

（8）使用中文搜索引擎指南网 www.sowang.com 提供的信息，学习“人肉搜索”的使用。

3. 收藏夹的使用。

（1）进入学校校园网，将站点名添加到收藏夹中。

（2）利用收藏夹，重新进入学校校园网。

（3）在收藏夹中建立一个名为“我的频道”的文件夹，将搜索出来的“电影频道”、“图书馆”等条目收藏在该文件夹中。

（4）收藏夹整理。

① 将收藏的“电影频道”条目重命名为“电影院”。

② 删除收藏的“图书馆”条目。

4. 软件下载。

（1）使用搜索引擎查找提供共享软件 FlashGet 的网站，下载该软件并安装到本地计算机中。

（2）用 FlashGet 软件下载 CuteFTP 软件，然后安装 CuteFTP。

（3）下载并安装压缩软件，将文件压缩后再上传，比较文件压缩前后上传的传输效率。

（4）从网上查询了解近期出现的最新型病毒的名称、表现形式及杀毒方法，并针对这些病毒进入 http://www.microsoft.com/zh-cn/default.aspx 站点，为自己的计算机系统打相应的补丁。

（5）使用搜索引擎查找免费 FTP 站点，并利用 IE 浏览器登录到该 FTP 站点。

（6）学习用 QQ 传送文件。

实验 15 电子邮件

一、实验目的

（1）掌握电子邮件系统的常规应用技术。

（2）掌握电子邮件收发的基本方法。

（3）掌握常用的电子邮件软件的配置与应用方法。

二、实验范例

1. 在“网易”上申请免费的电子邮箱。

分析：

电子邮件（E-mail）是 Internet 的一项基本服务项目。在使用电子邮件之前，需要一个电子信箱，电子信箱可分为付费和免费两类。在没有特殊要求的情况下，可以通过 Internet 服务提供商或大型的网站申请一个免费的电子信箱。

操作步骤：

（1）在浏览器的地址栏中输入 http://email.163.com/，打开“网易”电子邮件服务的主页，如图 15-1 所示。

图 15-1 “网易”电子邮件服务主页

（2）单击“注册网易免费邮”超链接，进入“网易”邮箱注册新用户页面，如图 15-2 所示。填写邮件地址和其他用户注册信息，其中邮件地址的用户名必须在邮件系统中没有重名，注册信息项目前有“*”号的表示该项目必须填写。

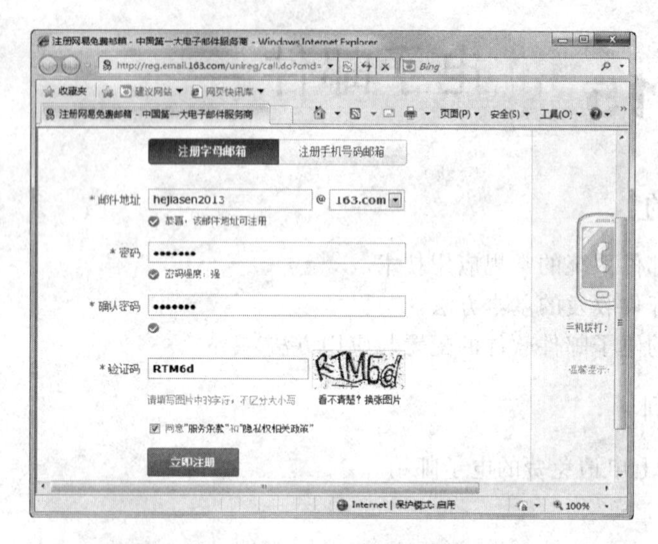

图 15-2　“网易”邮箱注册新用户页面

（3）单击“立即注册”命令按钮，邮箱注册系统开始检查用户注册信息。若填写注册信息正确，系统将注册此用户并进入成功注册页面，如图 15-3 所示。在成功注册后，还可以进行免费手机验证。

（4）每次登录邮箱时需要使用注册时设置的用户名和密码。

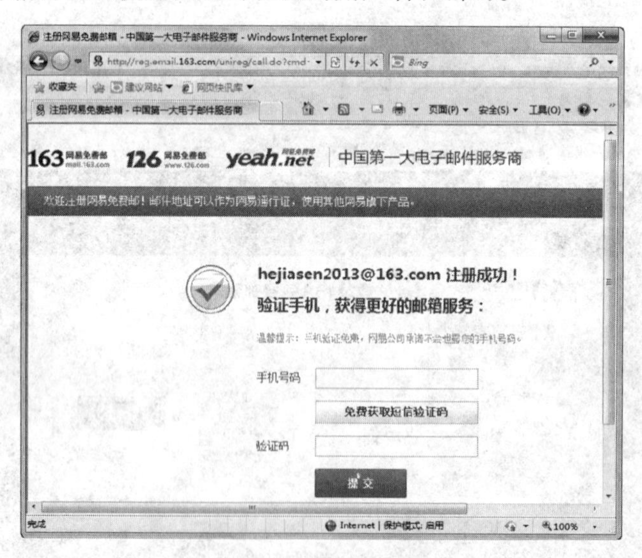

图 15-3　注册成功页面

2. Web 方式收发电子邮件。

分析：

利用 Web 方式收发邮件无须额外软件，只要有浏览器就可以登录并管理邮件。

操作步骤：

（1）打开“网易”电子邮件服务的主页，输入用户名和密码并登录，打开“163 网易免费邮”页面，如图 15-4 所示。

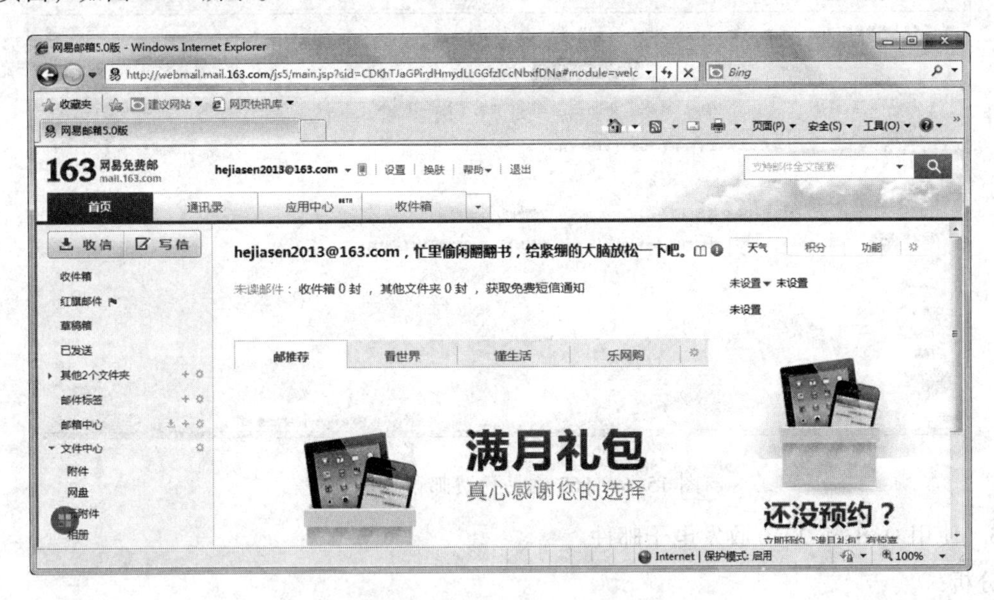

图 15-4　163 网易免费邮箱

（2）单击“写信”按钮，切换到写信界面，如图 15-5 所示。输入收信人地址、主题和正文内容后，单击“发送”按钮，系统将电子邮件发送到指定的收件人信箱中，并且会显示邮件是否发送成功的提示信息。

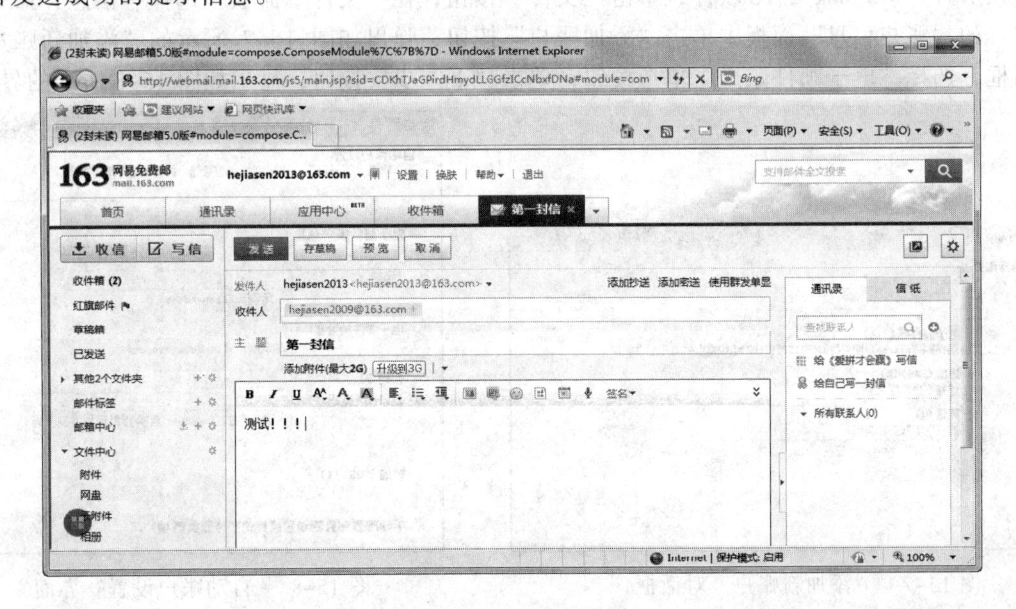

图 15-5　书写电子邮件

（3）单击“收信”按钮，切换到收信界面，如图 15-6 所示。收件箱主窗口中显示了电子邮件列表，单击某封邮件的主题即可打开此邮件，查看邮件的内容。

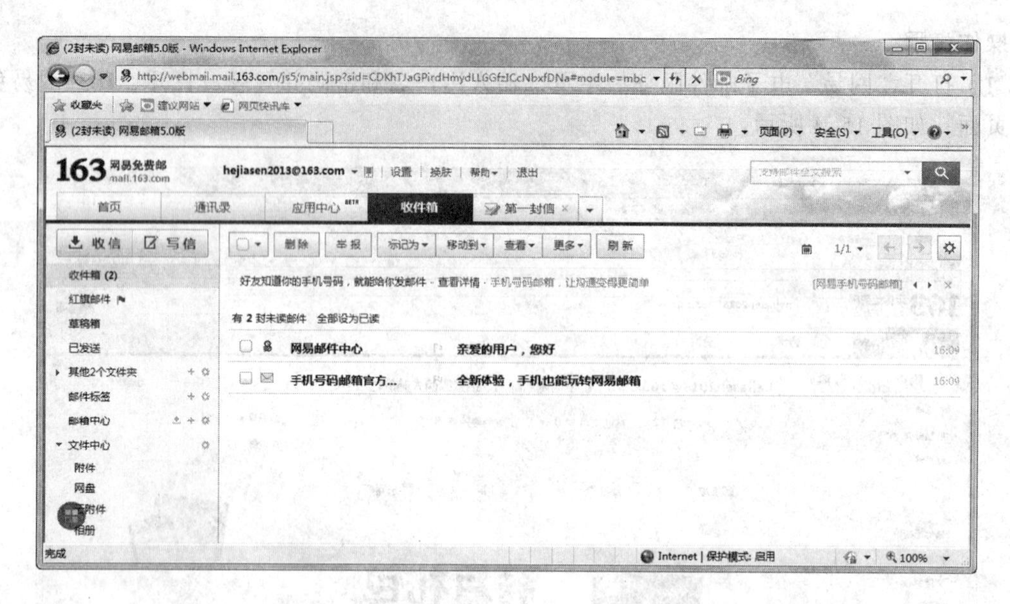

图 15-6　163 网易免费邮箱收信页面

3. 使用 Outlook 2010 收发电子邮件。

分析：

Outlook 2010 是 Microsoft Office 2010 中的一款软件，是利用 POP3 协议收取信件的工具软件，在断开网络时仍可以查看、管理已下载的邮件。

操作步骤：

（1）打开 Outlook 2010 软件，单击“文件”按钮，在“文件”面板中选择“信息”命令，在打开的“账户信息”面板中单击“添加账户”按钮，弹出如图 15-7 所示的“添加新账户”对话框，选择“电子邮件账户”单选按钮，单击“下一步”按钮，显示如图 15-8 所示的界面。

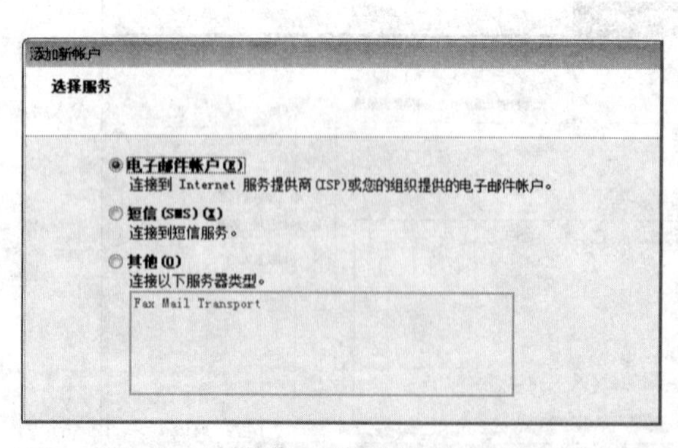

图 15-7　“添加新账户”对话框

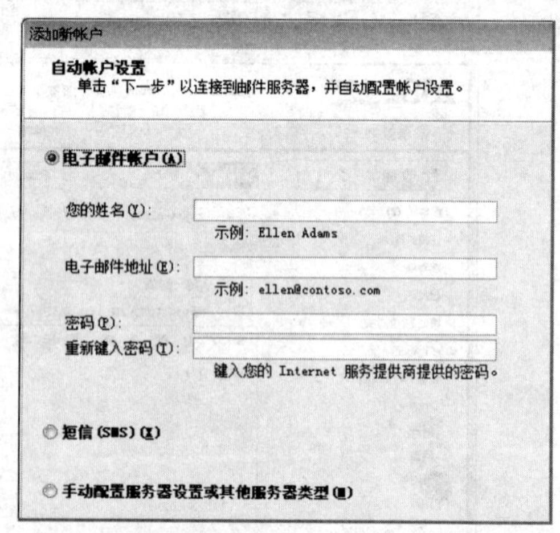

图 15-8　“自动账户设置”界面

（2）选择“手动配置服务器设置或其他服务类型”单选按钮，单击“下一步”按钮。其中另外两个选项：

- “电子邮件账户”选项，需要输入“您的姓名”“电子邮件地址”“密码”“重新键入密码”等，此时 Outlook 会自动为你选择相应的设置信息，如邮件发送和邮件接收服务器等。但有时候找不到对应的服务器，就需要手动配置了。
- “短信”选项，需要注册一个短信服务提供商，然后输入供应商 URL 地址，用户名和密码。

（3）选择“Internet 电子邮件”选项，单击“下一步”按钮。其中另外两个选项：

- “Microsoft Exchange 或兼容服务”选项，需要在“控制面板”中进行设置。
- “短信(SMS)”选项，同上。

（4）输入用户信息、服务器信息、登录信息，可以单击“测试账户设置”按钮进行测试，如图 15-9 所示。

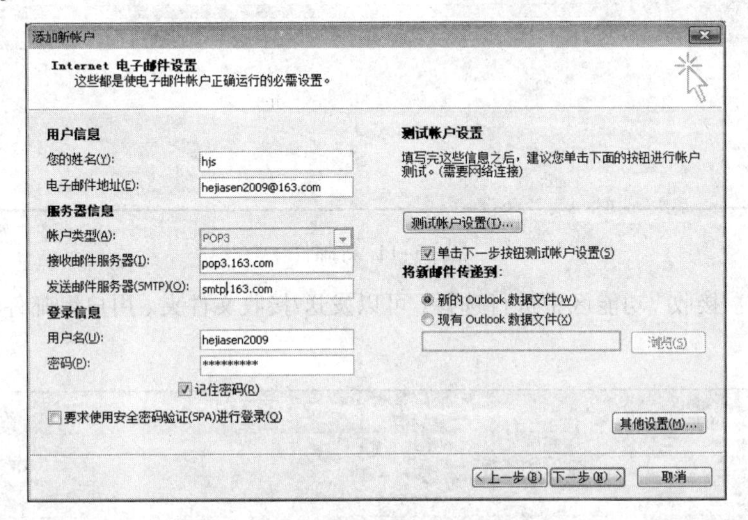

图 15-9　输入邮件用户信息

如果测试不成功（前提是用户信息、服务器信息、登录信息正确），单击“其他设置”按钮，弹出“Internet 电子邮件设置”对话框，在“Internet 电子邮件设置”对话框中选择“发送服务器”标签页，选中“我的发送服务器（SMPT）要求验证”选项，单击“确定”按钮，返回“添加账户”对话框。在“添加账户”对话框中再次单击“测试账户设置”按钮，此时测试成功，单击“下一步”按钮会测试账户设置，成功后单击“完成”按钮，完成账户设置，如图 15-10 所示。

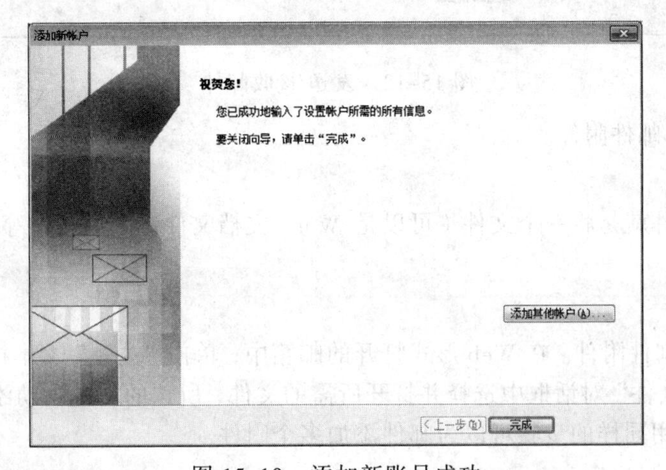

图 15-10　添加新账号成功

（5）在“开始”功能区的“新建”分组，单击“新建电子邮件”按钮，在打开的“邮件”对话框中填写收件人、主题、邮件正文等信息后单击“发送”按钮，即可发送邮件，如图 15-11 所示。

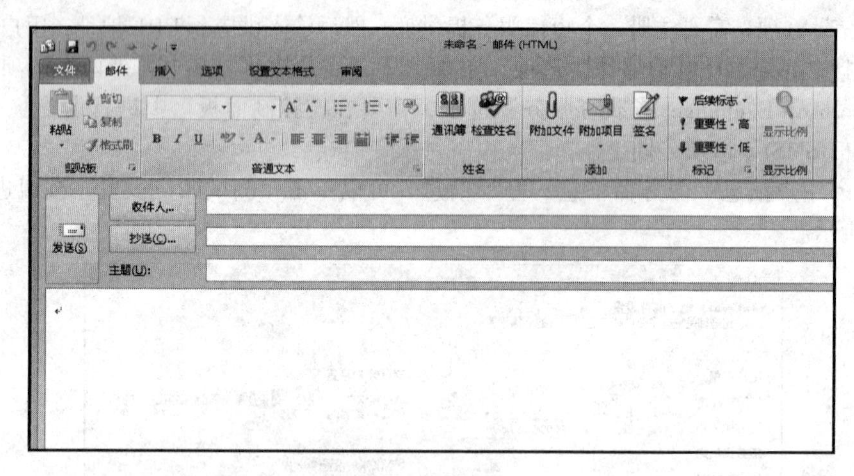

图 15-11 新邮件

（6）在“发送/接收”功能区中进行选择，可以发送/接收文件夹、用户组邮件等，如图 15-12 所示。

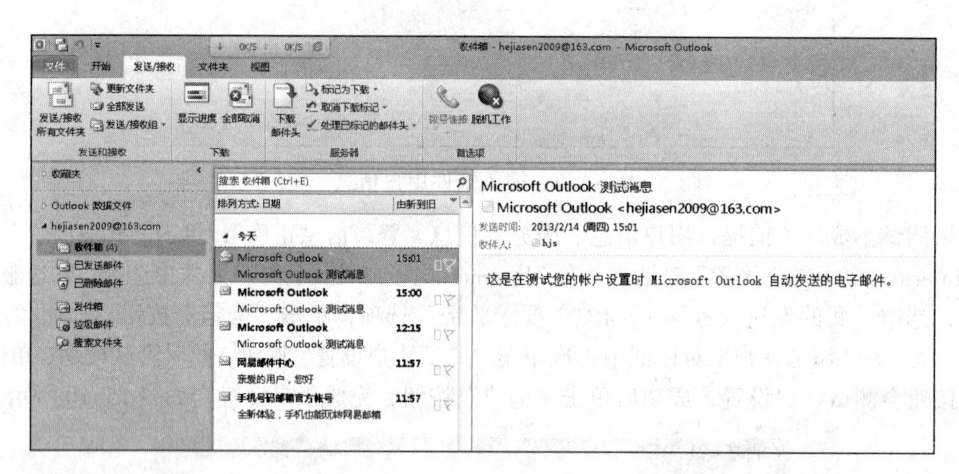

图 15-12 发送/接收邮件

4. 添加、下载邮件附件。

分析：

电子邮件的附件就是将一个文件（可以是 Word 文档文件、图形文件等）直接按原文发送给收件人。

操作步骤：

（1）添加电子邮件附件。在 Web 形式打开的邮箱中，单击“主题”文本框中的“添加附件”超链接，在“选择文件”对话框中选择并打开所需的文件，所选的文件自动添加为邮件的附件，如图 15-13 所示。用同样的步骤可以为邮件添加多个附件。

图 15-13　添加附件

（2）接收带附件的电子邮件，在收件信息中多了附件这一项，并给出了附件的文件名称。接收附件只需单击附件名后“查看附件”超链接，转到附件面板，当鼠标移到文件上时，根据文件类型显示操作选项，有“下载”“打开”“预览”等，如图 15-14 所示。

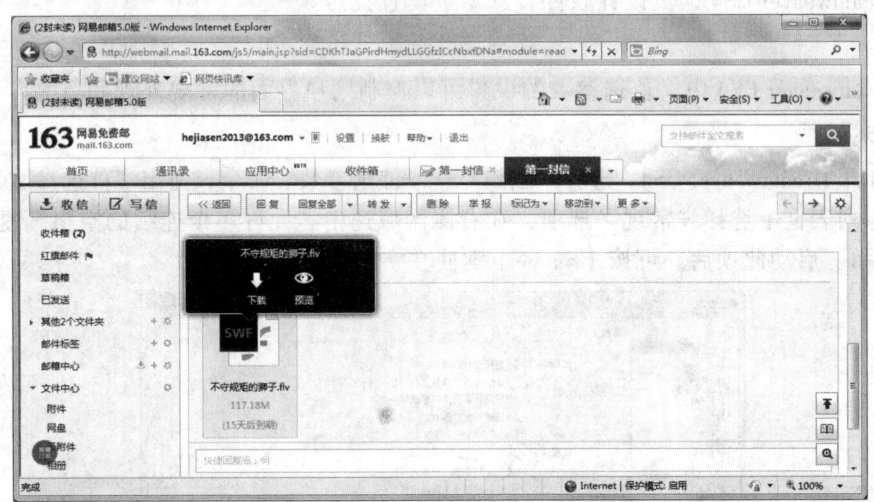

图 15-14　接收带附件的电子邮件

三、实训

1. 在商业网站上申请一个免费的电子邮箱，并测试申请的免费邮箱。

2. 用申请的免费邮箱给老师发一封带附件的电子邮件，邮件标题为“学号+姓名”，在邮件内容中写上你会用电子邮件发送文件了，并转发给全班同学。

3. 进入学校校园网的主页，利用浏览器菜单栏的“文件”→“发送”→“电子邮件页面”命令，将主页信息发送到所申请的免费邮箱。

4. 使用 Outlook 2010 软件接收邮件并进行邮件管理。

实验 16　站点建设与简单网页编辑

一、实验目的

（1）掌握在 Dreamweaver 中定义本地网站的方法。

（2）掌握文字的处理方法和各种超链接的创建和使用。

（3）掌握在网页中插入图像和编辑的方法。

（4）掌握在网页中插入 Flash 动画和声音等多媒体的方法。

（5）掌握在网页中插入翻转图像和创建图像地图的方法。

二、实验范例

1. Dreamweaver CS4 网页设计软件首选参数设置技巧。

分析：

在 Dreamweaver CS4 中，首选参数的设置可以控制用户界面的常规外观和行为。

操作步骤：

（1）打开 Dreamweaver CS4，选择“编辑”→“首选参数”命令，弹出“首选参数”对话框，在“分类”列表框中选择“常规”选项，在右侧区域选中“允许多个连续的空格”复选框，如图 16-1 所示。启动此项后，可按【Space】键使文字产生缩进或空格。

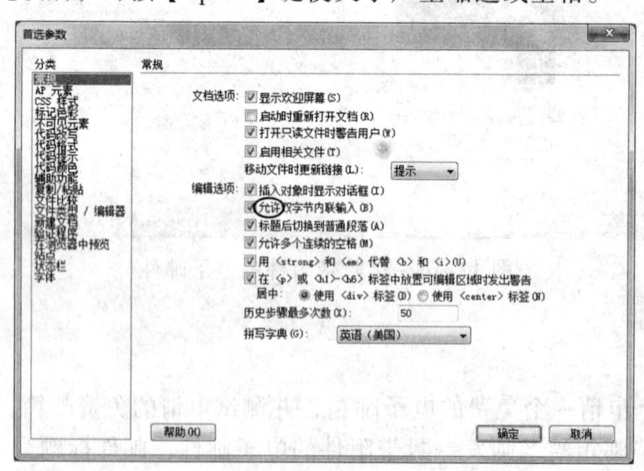

图 16-1　设置允许多个连续的空格

（2）在“分类”列表框中选择“新建文档”选项，在右侧区域修改默认扩展名为.htm，设置此项后，保存的网页以.htm 为扩展名，否则保存的网页扩展名为.html。

（3）在“分类”列表框中选择“在浏览器中预览”选项，选中“使用临时文件预览”复选框，如图 16-2 所示。设置此项后，无须保存网页文档，可直接在 IE 中浏览网页，提高了效率。

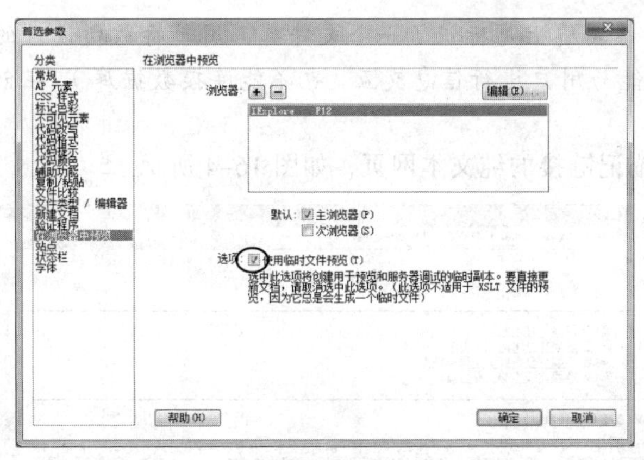

图 16-2　设置使用临时文件预览网页

注意：由于学校机房的计算机装有还原卡，重启计算机后所进行的设置都无效，因此每次上机时需重新进行上述 3 项设置，自备计算机的同学仅需设置一次即可。

2. 创建站点。

分析：

Web 站点是指 Internet 中的网站，网站由多个相关联的网页来传达一个主题，是网页的集合。

操作步骤：

（1）选择"站点"→"新建站点"命令，打开站点定义对话框，选择"高级"选项卡，在"分类"列表框中选择"本地信息"选项，在右侧的"站点名称"文本框中输入"计算机基础课程网站"或自行命名，此项设置用于标识一个站点，如在本地创建了多个站点，在"文件"面板单击站点名就能打开或切换至该站点。

（2）单击"本地根文件夹"文本框右侧的浏览文件按钮，打开选择站点本地根文件夹对话框，选择本地磁盘，单击"创建新文件夹"按钮，输入新的文件夹名 jsjsy，依次单击"打开"和"选择"按钮，返回站点定义对话框，如图 16-3 所示。单击"确定"按钮，完成站点定义，此时，在"文件"面板中可看到所创建的站点。

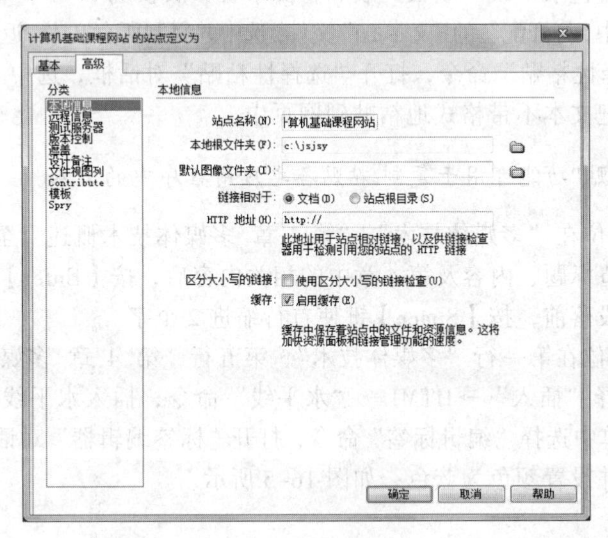

图 16-3　定义本地站点

注意：本地站点名称实质上是标识了一个文件夹，用于存放所设计的网页。如果站点内存放的只是静态网页（不能与用户进行信息交互，也不能连接数据库），在创建站点时可以不选择服务器技术。

3. 制作一个具有锚记链接的纯文本网页，如图16-4所示。

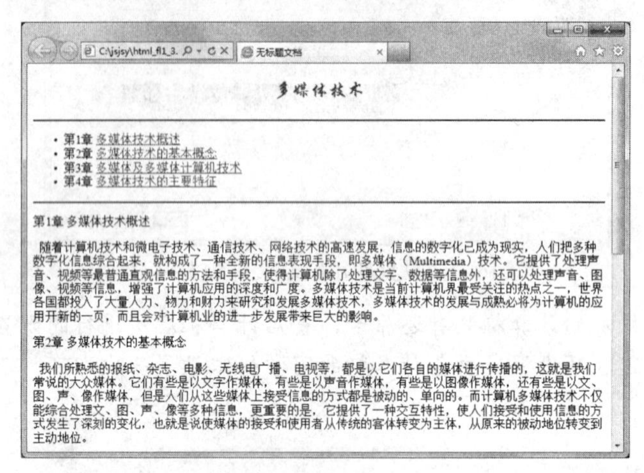

图16-4 网页样例

分析：

建立站点后即可开始制作网页。一般的网页元素，如文本、图像和超链接等，通过可视化工具Dreamweaver CS4编辑制作。在文本中添加锚记链接，用来定位到相关内容的位置。

操作步骤：

（1）新建网页。

选择“文件”→“新建”命令，打开“新建文档”对话框，选择“空白页”选项，在“页面类型”选项框中选择“HTML”选项，在“布局”选项框中选择“无”选项，单击“创建”按钮，创建一个未命名的网页。

（2）插入文本、蓝色水平线、项目列表和特殊字符“版权”。

① 在资源管理器中，打开配套的“文本.txt”文件，选中并复制所有文本，返回到Dreamweaver CS4，选择“编辑”→“选择性粘贴”命令，打开“选择性粘贴”对话框，选中“仅文本”单选按钮，单击“确定”按钮，把文本不带格式地粘贴到网页中。

注意：“选择性粘贴”功能可用于复制/粘贴各类应用程序中的文本。

② 分别将光标定位在“多媒体技术”、“第1章 多媒体技术概述”至“第4章 多媒体技术的主要特征”的章节标题、内容及第4章中的相关内容后，按【Enter】键分段换行。分别将光标定位在各章内容段落前，按【Space】键使首行缩进2个字。

③ 分别将光标定位在第一行“多媒体技术”、第五行“第4章 多媒体技术的主要特征”后和最后一行前，选择“插入”→HTML→“水平线”命令，插入水平线。然后右击各条水平线，在弹出的快捷菜单中选择“编辑标签”命令，打开“标签编辑器”对话框，选择左侧的“浏览器特定的”选项，并设置颜色为蓝色，如图16-5所示。

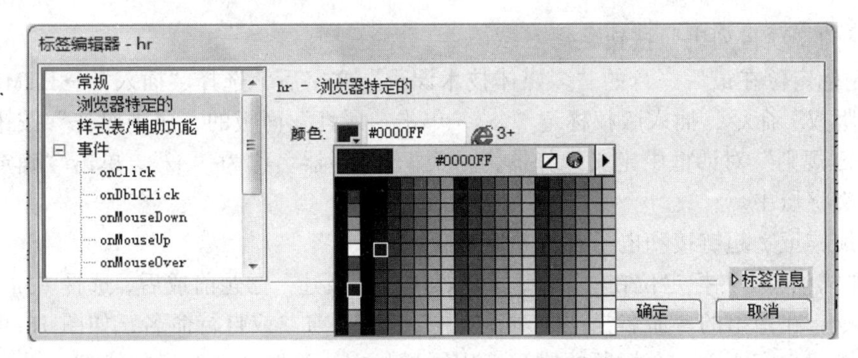

图 16-5　设定水平线颜色

④ 将光标定位在第一行，在“属性”面板单击 CSS 按钮，在“目标规则”下拉列表框中选择“<新 CSS 规则>”，单击 编辑规则 按钮，打开图 16-6 所示的“新建 CSS 规则”对话框。在“选择器类型”下拉列表框中选择“类（可应用于任何 HTML 元素）”选项，在“选择器名称”文本框中输入“.bt”，单击“确定”按钮，打开图 16-7 所示的“.bt 的 CSS 规则定义”对话框，在“类别”分类下设置 Font-family 为“华文行楷”、Font-size 为 24 px、Color 为棕色，在“区块”分类下设置 Text-align 为居中对齐，单击“确定”按钮设置字体。若字体列表中没有所需字体，则在下拉列表框中选择“编辑字体列表”选项，打开“编辑字体列表”对话框，如图 16-8 所示，从“可用字体”列表框将所需字体添加到“字体列表”中。

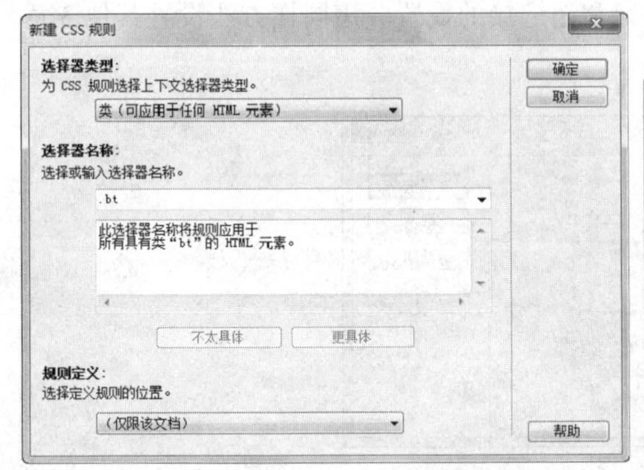

图 16-6　新建 CSS 规则

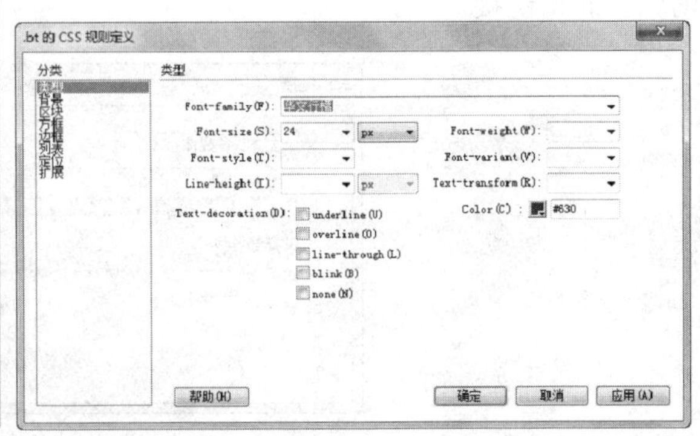

图 16-7　定义 CSS 规则

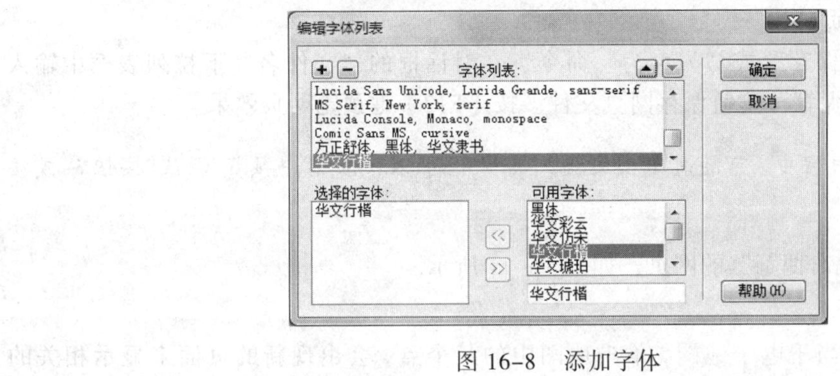

图 16-8　添加字体

⑤ 选中“第 1 章　多媒体技术概述”至“第 4 章　多媒体技术的主要特征”等四行，单击

“属性”面板的“项目列表”按钮。

⑥ 将光标定位在最后一行的“多媒体技术课程”文字后，选择“插入”→HTML→“特殊字符”→“版权”命令，插入版权标记“©”，单击“属性”面板的“居中对齐”按钮，在打开的“新建CSS规则”对话框中定义选择器为“类”，选择器名称为“.jz”，单击“确定”按钮，使最后一行文字居中。

（3）添加锚记、超链接和电子邮件超链接。

① 添加锚记：将光标定位在“第1章 多媒体技术概述”标题前或后，选择“插入”→“命名锚记”命令，在弹出的“命名锚记”对话框中，输入“1”或自行命名，如图16-9所示。单击“确定”按钮，完成第一个标题的锚记，用同样的方法设置其他3章的锚记。

图16-9 命名锚记

② 添加锚记对应的超链接：选中目录“第1章 多媒体技术概述”，选择“插入”→“超级链接”命令，打开“超级链接”对话框，从“链接”下拉列表框中选择对应的锚记“#1”，如图16-10所示，单击“确定”按钮，完成一项锚记和超链接的设置。用同样方法设置其他3章的锚记和超链接。

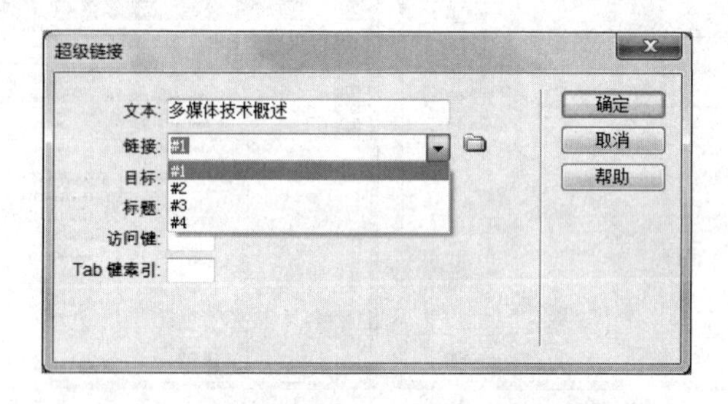

图16-10 设置锚记对应的超链接

（4）保存和浏览网页。

选择“文件”→“保存”或“另存为”命令，在对话框的“文件名”下拉列表框中输入html_fl1_3.htm，单击“保存”按钮保存网页文件。按【F12】键预览网页效果。

注意： 在网页制作过程中，可随时单击文档工具栏中的“在浏览器中预览/调试”按钮或按【F12】键预览网页效果。

4. 制作标题为“汽车博览”的网页，如图16-11所示。

分析：

图像地图的作用相当于电子地图，单击地图中的某个点，会出现新的页面来显示相关的信息。单击“属性”面板中的，选择某个区域，并在链接目标中设置相关目标文件的地址。

图 16-11 “汽车博览”的网页

操作步骤：

(1) 设置首选参数、网站和导入素材。

① 设置“首选参数”(参见网页设计范例 1)。

② 定义本地站点，例如，站点名称为“计算机课程实验网站”，本地根文件夹为 C:\jsjsy (参见范例 2)。

③ 打开资源管理器，复制实验配套素材中的 images 文件夹到已定义好的本地站点中。

(2) 新建和保存网页文档。

① 选择“文件”→“新建”命令，打开“新建文档”对话框，选择“空白页”选项，在“页面类型”选项框中选择 HTML 选项，在“布局”选项框中选择“无”选项，单击“创建”按钮，创建一个未命名的网页，在“标题”文本框中输入“汽车博览”。

② 选择“文件”→“保存”(或“另存为”)命令，打开“另存为”对话框，在“文件名”下拉列表框中输入 html_fl1_4.htm，单击“保存”按钮保存网页。

注意：先保存文档有利于定位网页中插入或链接的图像、多媒体和 CSS 等文件的相对路径。

(3) 插入图像、翻转图像和图像居中对齐。

① 选择“插入”→“图像”命令，打开“选择图像源文件”对话框，选中 images 文件夹中的图像文件 title.gif，单击“确定”按钮，插入 title.gif 图像。按【Enter】键换行，用同样方法插入 pic.jpg 图像。

② 选择“插入”→“图像对象”→“鼠标经过图像”命令，打开“插入鼠标经过图像”对话框，在“图像名称”文本框中输入 Image1，单击“原始图像”对应的“浏览”按钮，打开“原始图像”对话框，图像选择 audi_f.gif，单击“鼠标经过图像”对应的“浏览”按钮，弹出“鼠标经过图像”对话框，选择图像 audi_b.gif，单击“按下时，前往的 URL”对应的“浏览”

按钮，选择图像 car.jpg，如图 16-12 所示。单击“确定”按钮，完成一个超链接目标为图像的翻转图像。

图 16-12 设置翻转图像

用同样的方法插入“原始图像”为 benz_f.gif、“鼠标经过图像”为 benz_b.gif、“按下时，前往的 URL”为 car.wav 的，超链接目标为声音的翻转图像。

用同样的方法插入 bmw_f.gif 和 bmw_b.gif、buick_f.gif 和 buick_b.gif 等三个翻转图像，超链接任意或设置空链接。

③ 选中所有图像，单击“属性”面板中的“居中对齐”按钮，在打开的“新建 CSS 规则”对话框中定义选择器为“类”，选择器名称为.jz 后单击“确定”按钮，使所有图像居中对齐，如图 16-13 所示。此项设置使网页内容始终显示在屏幕的水平中心。

图 16-13 图像居中对齐

（4）插入版权信息。

将光标定位于第三行图像后按【Enter】键换行，输入文字“2013 汽车博览 版权所有”，在 2013 与“汽车博览”之间插入版权字符©。

（5）裁剪图像。

选中图像 pic.jpg，单击“属性”面板中的“裁剪”按钮，分别拖动 8 个方向点进行调整，如图 16-14 所示。双击鼠标或单击“属性”面板中的“裁剪”按钮，剪去不需要的区域。

图 16-14　裁剪图像

（6）制作图像地图。

① 制作链接到图像的热点。选中图像 pic.jpg，“属性”面板中会显示地图工具，单击“矩形热点工具”按钮，在图像 pic.jpg 上用鼠标拖出一个覆盖“名车商标鉴赏”区域的矩形，单击“属性”面板“链接”文本框右侧的“浏览”按钮，选择 images\sb.jpg 文件，如图 16-15 所示。

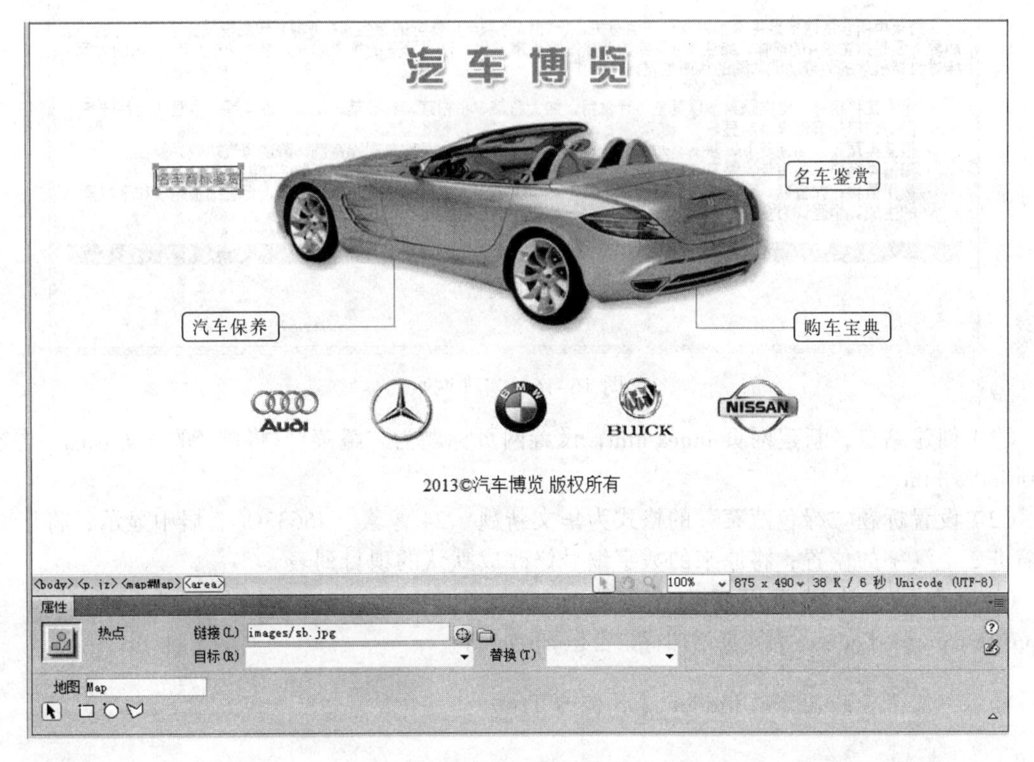

图 16-15　设置热点

② 制作链接到 Flash 文件的热点。选择“矩形热点工具”在图像 pic.jpg 上用鼠标拖出一个覆盖“名车鉴赏”区域的矩形，单击“链接”文本框右侧的“浏览”按钮，选择 images\audi.swf 文件。

③ 用上述方法分别为图像 pic.jpg 上的“汽车保养”和“购车宝典”区域设置任意的超链接。

（7）保存和浏览网页。

选择“文件”→“保存”（或“另存为”）命令，保存网页为 html_fl1_4.htm，按【F12】键预览网页效果。

注意：在网页制作过程中应随时使用【Ctrl+S】组合键快速保存文件。

三、实训

根据下列要求设计网页，如图 16-16 所示。

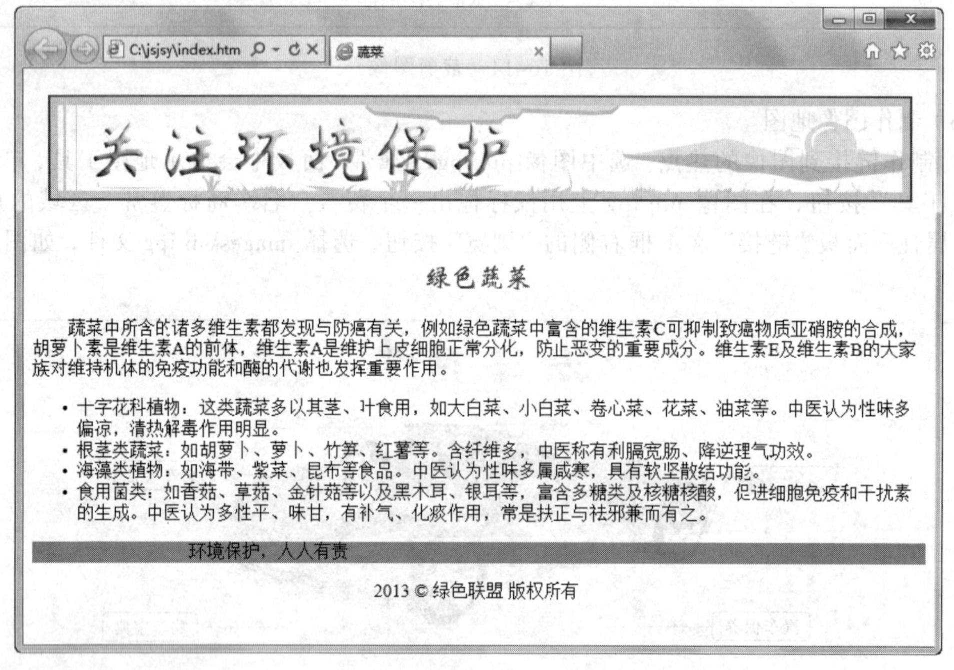

图 16-16 实训网页

（1）创建站点，新建网页 index.htm，设置网页标题为“蔬菜”，将配套的“文本.txt”内容复制到 index.htm。

（2）设置标题“绿色蔬菜”的格式为华文新魏、24 像素、#6633CC、居中显示；将正文首行缩进 2 个汉字的位置；将原来的数字编号修改成默认的项目列表。

（3）在网页头部采用居中对齐方式插入图片 logo.gif，并链接到中国食品安全网 http://www.prcfood.com；为网页增加背景音乐 can.mid。

提示：设置音频插件的 hidden 属性值为 True。

（4）设置“环境保护，人人有责”的格式为隶书、16 像素，并添加左右交替滚动效果，使得文字在绿色背景（#00FFFF）上滚动，滚动延迟时间为 100 毫秒。

提示：滚动文字的插入可参考实验范例，只需将标签 marquee 中的参数修改：bgcolor="#00FFFF"、scrolldelay="100"。

（5）在版权信息行插入版权符号。

实验 17　网页中表格布局和表单

一、实验目的

（1）掌握在网页中插入表格、编辑表格和使用表格布局网页元素的方法。

（2）掌握在网页中插入媒体 Flash 动画和插件的方法。

（3）掌握在网页中插入表单的方法。

二、实验范例

1. 制作标题为“科学之光”的网页，如图 17–1 所示。

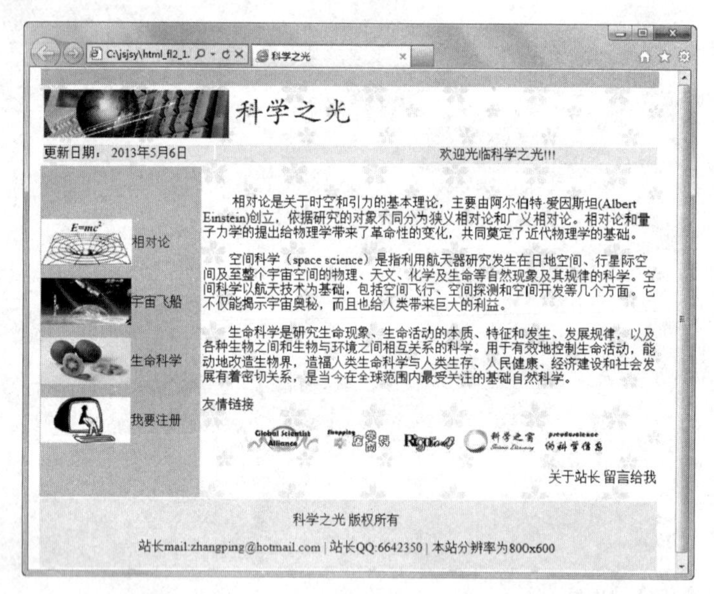

图 17–1　“科学之光”网页

分析：

网页中可以用表格来进行网页的版面设计，利用表格可以灵活地安排文本、图像、动画等各种元素在网页中的位置。在网页设计时，有时会需要对表格中的一些项目进行拆分，但又不影响表格的其他部分，最佳方案是使用嵌套表格，即在表格的某个单元格中再插入表格。

操作步骤：

（1）设置首选参数、网站和导入素材。

① 设置“首选参数”（参见实验 16）。

② 定义本地站点，例如，站点名称为“计算机课程实验网站”，本地根文件夹为 C:\jsjsy（参见实验 16）。

③ 打开资源管理器，复制实验配套素材中的 images 文件夹到已定义好的本地站点中。

（2）新建文档、设置文档属性、保存文档。

① 选择“文件”→“新建”命令，打开“新建文档”对话框，选择“空白页”选项，在“页面类型”选项框中选择 HTML 选项，在“布局”选项框中选择“无”选项，单击“创建”按钮，创建一个未命名的网页，在“标题”文本框中输入“科学之光”。

② 选择“修改”→“页面属性”命令，打开“页面属性”对话框，选择“分类”列表框中的“外观”选项，单击“背景图像”文本框右侧的按钮，选择图像 images\bg1.gif，分别在“左边距”和“上边距”文本框中输入数字 0，如图 17-2 所示。单击“确定”按钮，将图像 bg1.gif 设为整个网页的背景并定位在网页左上部。

③ 选择“分类”列表框中的“链接”选项，分别设置“链接颜色”和“已访问链接”颜色为蓝色，设置“变换图像链接”为红色或设置为自己喜欢的颜色，在“下画线样式”下拉列表框中，选择“仅在变换图像时显示下画线”选项，如图 17-3 所示，单击“确定”按钮。

④ 保存网页文件为 html_fl2_1.htm。

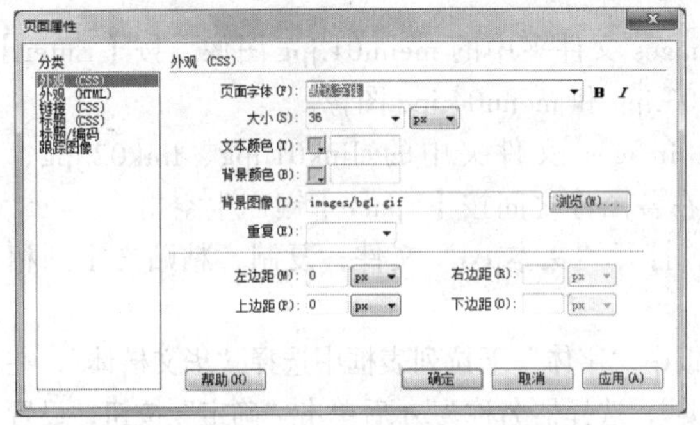

图 17-2　设置网页背景图像　　　图 17-3　设置超链接样式

（3）插入、编辑布局表格和嵌套表格。

① 插入 5 行 2 列、居中对齐的布局表格。选择“插入”→“表格”命令，在打开的“表格”对话框中，设置表格为 5 行、2 列，宽度为 770 像素（此项参数适合屏幕显示分辨率为 800×600 像素）、边框粗细为 0，如图 17-4 所示，单击“确定”按钮，插入表格。

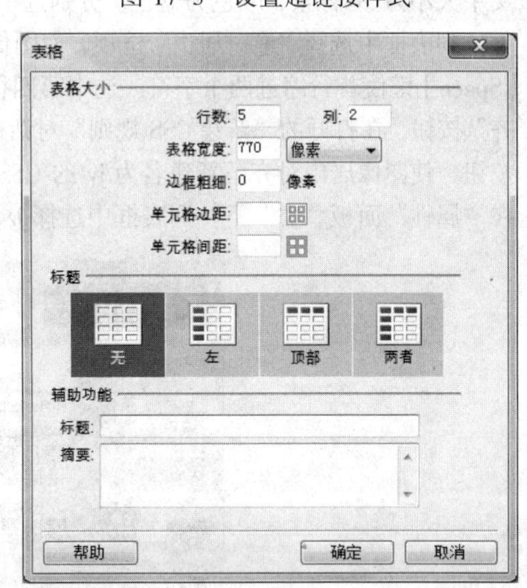

图 17-4　设置 5 行 2 列表格

② 编辑表格和插入嵌套表格。在“属性”面板中的“对齐”下拉列表框中选择“居中对齐”选项，定位表格于网页水平中央。分别选中表格的第一、二、三、五行，单击“属性”面板中的“合并所选单元格”按钮，分别使第一、二、三、五行合并为一个单元格。将光标分别定位在第二、三行，各插入一个 1 行 2 列嵌套表格，适当拖动两个嵌套表格的单元格宽度及外面表格第四行单元格宽度，如图 17-5 所示。

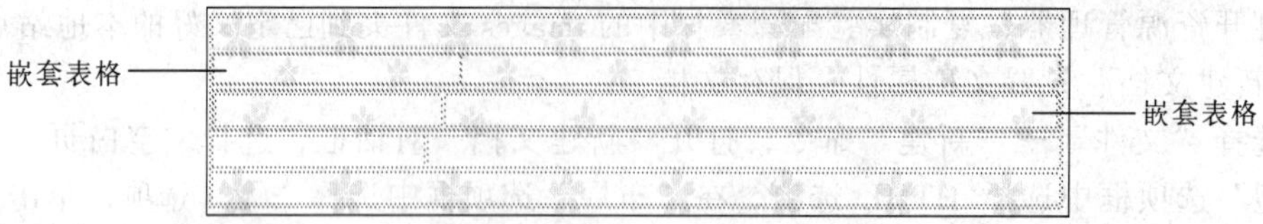

嵌套表格

嵌套表格

图 17-5　表格

（4）插入网页元素、设置单元格背景色和背景图像。

① 设置单元格背景色、背景图像。定位光标在第一行单元格，在“属性”面板中的“背景颜色”文本框输入#CCCCCC 或单击“背景颜色”按钮选择喜欢的颜色，按【Enter】键确认。

用同样的方法分别设置第三行中的嵌套表格、第五行单元格“背景颜色”为淡灰色，第四行左侧的单元格“背景颜色”为中灰色。

② 插入图像。定位光标在第二行嵌套表格左侧的单元格中，选择“插入”→“图像”命令，在打开的“选择图像源文件”对话框中选择 images 文件夹中的图像文件科学之光.jpg，单击“确定”按钮插入图像。

定位光标在第四行左侧的单元格中，插入 images 文件夹中的 menu01.jpg 图像，按【Enter】键空一行。用同样的方法插入 menu02.jpg、menu03.jpg 和 menu04.jpg 图像。

定位光标在第四行右侧的单元格中，插入 images 文件夹中的 link01.jpg、link02.jpg、link03.jpg、link04.jpg 和 link05.jpg 图像，并分别在各图像之间按【Space】键产生空格。

③ 插入文字、设置图像与文字的对齐方式。打开“文本.txt”文件，复制、粘贴文字到相应的单元格中。

选中第二行右侧单元格的文字，在“属性”面板中“字体”下拉列表框中选择“华文楷体”，在打开的“新建 CSS 规则”对话框中定义选择器为“类”，选择器名称为.zt 后单击“确定”按钮，设置文字大小为 36 像素，颜色为蓝色。分别选中第四行左侧单元格中的图像，在“属性”面板的“对齐”下拉列表框中选择“绝对居中”选项，使图像和文字都垂直居中对齐。在右侧单元格的三个段落前按【Space】键使首行缩进两个字符。选中第四行右侧单元格中的图像，单击“属性”面板中的“居中对齐”按钮，在打开的“新建 CSS 规则”对话框中定义选择器为“类”，选择器名称为.jz，单击“确定”按钮，使图像居中对齐。新建名为.jy 的 CSS 规则，设置图像下方文字右对齐。选中第五行的文字，在“属性”面板“类”下拉列表框中选择 jz，应用 CSS 规则使文字居中对齐，如图 17-6 所示。

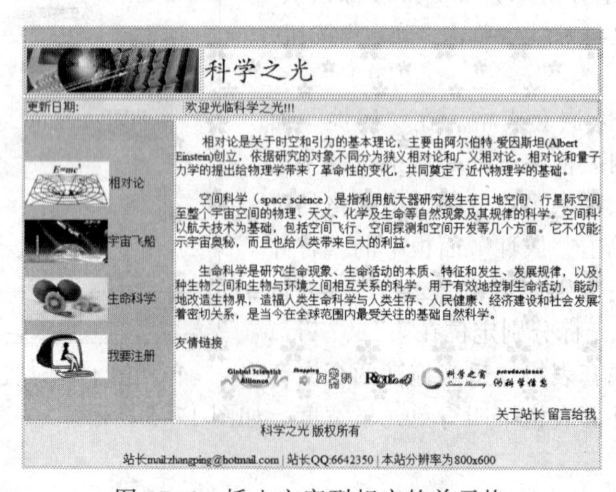

图 17-6　插入文字到相应的单元格

④ 插入日期和动态文字。定位光标在第二行嵌套表格左侧单元格中的文字“更新日期:”后，选择“插入”→“日期”命令，在打开的“插入日期”对话框中设置日期格式，如图 17-7 所示，单击“确定”按钮插入日期。

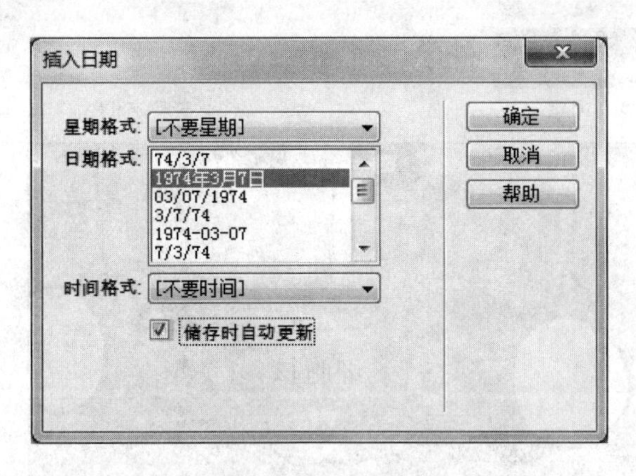

图 17-7　设置日期格式

选中第二行嵌套表格右侧单元格中的文字“欢迎光临科学之光!!!”，右击文字，在弹出的快捷菜单中选择“环绕标签”命令，在提示行的下拉列表中选择 marquee，按【Space】键选择 behavior 为 alternate，如图 17-8 所示。按【Enter】键确认标签输入。

图 17-8　设置动态滚动文字

（5）设置超链接。

选中表格第四行左侧单元格中的文字“宇宙飞船”，在“属性”面板的“链接”文本框中输入 flash.htm；选中文字“生命科学”，在“属性”面板的“链接”文本框中输入 media.htm，再选中文字“我要注册”，在“属性”面板的“链接”文本框中输入 register.htm。完成本网页后再创建上述 3 个网页。

选中文字“相对论”，在“属性”面板的“链接”文本框中输入#。注意，#表示一个空链接，文字“相对论”显示超链接效果，但单击无链接效果。

选中第五行中的文字 zhangping@hotmail.com，在“属性”面板的“链接”文本框中输入 mailto:zhangping@hotmail.com，建立电子邮件超链接。

（6）保存和浏览网页。

选择“文件”→“保存”（或“另存为”）命令，保存网页 html_fl2_1.htm，按【F12】键预览网页效果。

2. 制作具有 Flash 对象的网页，如图 17-9 所示。

图 17-9　Flash 动画网页

分析：

在网页中可以插入 Flash 对象，丰富网站的内容，插入方法和插入图像的方法类似。插入的 Flash 对象一定要存在，否则会出错。

操作步骤：

（1）利用网页 html_fl2_1.htm 制作顶、底部具有相同版面而内容不同的网页。

选择“文件”→“另存为”命令，将 html_fl2_1.htm 另存为 flash.htm。

（2）编辑、修改及另存为其他网页使用。

分别选中表格第四行左侧和右侧单元格中的图像和文字，按【Delete】键删除。选中左右两个单元格，单击“属性”面板中的“合并所选单元格”按钮，将两个单元格合并为一个单元格，并删除“属性”面板的“背景颜色”文本框中的内容，效果如图 17-10 所示。

图 17-10　编辑网页

选择“文件”→“另存为”命令，另存为 media.htm、register.htm 和 flash.htm 等 3 个网页（media.htm 和 register.htm 将在后面使用）。

（3）插入 Flash 对象。

修改网页标题为“Flash 动画”。将光标定位于表格第四行单元格中，在“属性”面板“类”下拉列表框中选择 jz。选择“插入”→“媒体”→SWF 命令，选择 images\chromosome.swf 文件，插入 Flash 对象，如图 17-11 所示。

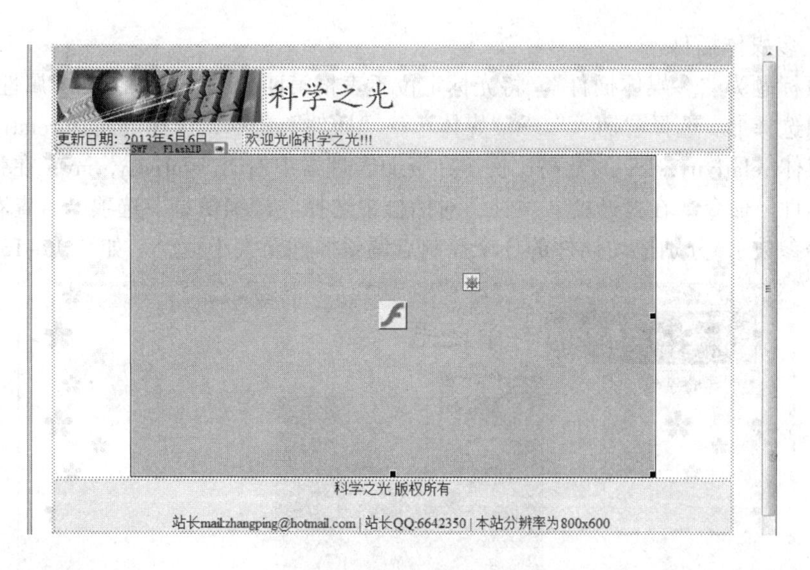

图 17-11　插入 Flash 对象

（4）保存和浏览网页

选择“文件”→“保存”命令，保存网页为 flash.htm，按【F12】键预览网页效果。

3. 制作具有多媒体插件的网页，如图 17-12 所示。

图 17-12　具有多媒体插件的网页

分析：

多媒体插件可以在网页中播放视频，其插入方法和其他元素相似，被插入的媒体插件同样一定要存在。

操作步骤：

（1）打开 media.htm 网页。

选择“文件”→“打开”命令，在打开的“打开”对话框中选择 media.htm 文件，单击“打开”按钮，打开 media.htm 网页。

（2）插入多媒体插件。

修改网页标题为“多媒体插件”。将光标定位于表格第四行单元格中，在“属性”面板“类”下拉列表框中选择 jz。选择“插入”→“媒体”→“插件”命令，选择 images\relativity.wmv 文件插入，根据媒体 relativity.wmv 的宽高比例（在资源管理器中右击 relativity.wmv，在弹出的快捷菜单中选择“属性”命令，在打开的“属性”对话框中选择“详细信息”选项卡，查看媒体文件的宽度、高度等参数），分别拖动插件的 3 个控制点调整插件至大小适合，如图 17-13 所示。

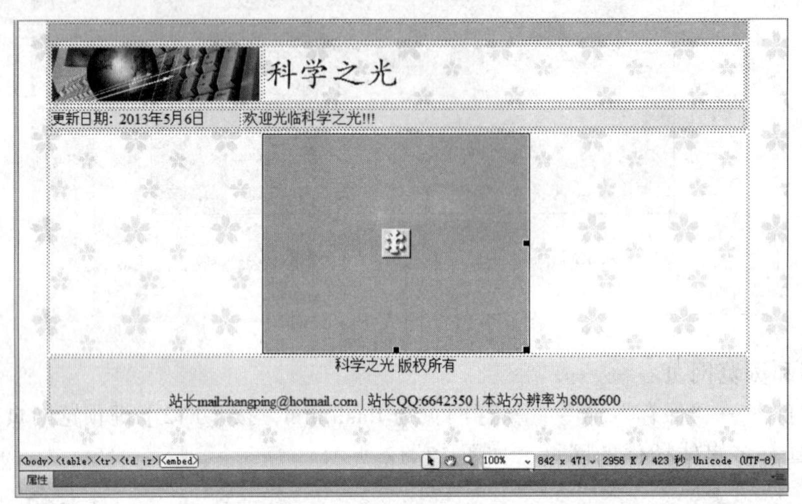

图 17-13　调整插件大小

（3）保存和浏览网页。

选择“文件”→“保存”命令，保存 media.htm 网页，按【F12】键预览网页效果。

4. 制作使用表格定位表单元素的注册网页，如图 17-14 所示。

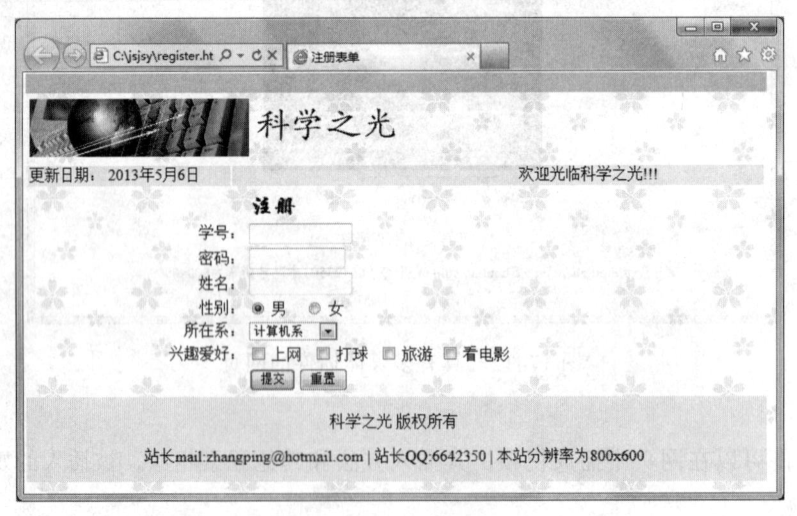

图 17-14　注册网页

分析：

表单可以获得访问 Web 站点的用户信息。访问者可以使用诸如文本域、列表框、复选框以及单选按钮之类的表单对象输入信息，然后单击某个按钮提交这些信息。

操作步骤：

（1）打开 register.htm 网页。

选择“文件”→“打开”命令，在弹出的“打开”对话框中选择 register.htm 文件，单击“打开”按钮，打开 register.htm 网页。

（2）插入表单、表格和表单对象。

① 插入表单和表格。修改网页标题为“注册表单”，将光标定位于表格第四行单元格中，在“属性”面板“类”下拉列表框中选择 jz。选择“插入”→“表单”→“表单”命令，显示红色表单线。

将光标定位于红色表单线框中，选择“插入”→“表格”命令，在打开的“表格”对话框中，设置表格为 8 行、2 列，宽度为 600 像素，边框粗细为 0，单击“确定”按钮插入表格。拖动表格线使表格左列较窄，在“属性”面板的“表格”文本框中输入“注册表格”，以下称该表格为“注册表格”。

在“注册表格”第一行右侧的单元格中输入文字“注册”，在“属性”面板单击CSS按钮，创建名称为.style 的类选择器，如图 17-15 所示。定义 style 的 CSS 规则为：字体华文行楷、24 像素、粗体、蓝色，该文本属性也可以应用到文档的其他文字上。

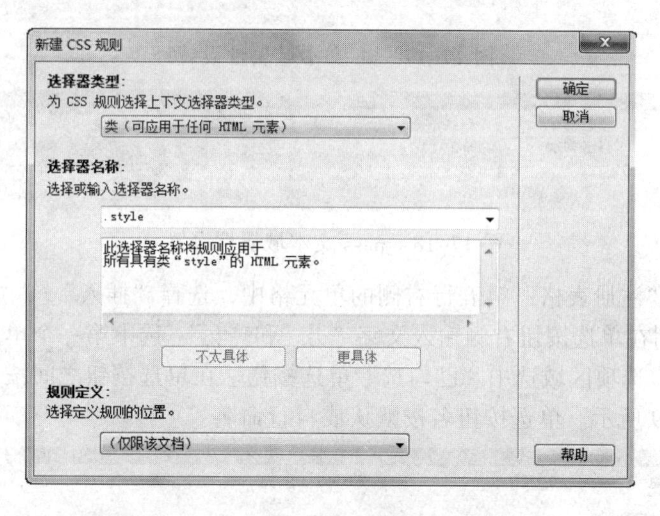

图 17-15　创建 style 的 CSS 规则

分别在“注册表格”左列的第二至第五行单元格中输入文字“学号:”、“密码:”、“姓名:”、“性别:”、“所在系:”、“兴趣爱好:”，选中“注册表格”左列，在“属性”面板中设置水平对齐方式为“右对齐”，如图 17-16 所示。

② 插入表单对象：分别将光标定位于“注册表格”第二、第四行右侧的单元格中，选择“插入”→“表单”→“文本域”命令，在“属性”面板的“文本域”文本框中分别输入 xh、xm，在“字符宽度”文本框中输入 12，在“最多字符数”文本框中输入 8，如图 17-17 所示。

将光标定位于“注册表格”第三行右侧的单元格中，选择“插入”→“表单”→“文本域”命令，在“属性”面板的“文本域”文本框中输入 pass，在“字符宽度”文本框中输入 12，在“最多字符数”文本框中输入 8，“类型”选择“密码”，如图 17-18 所示。

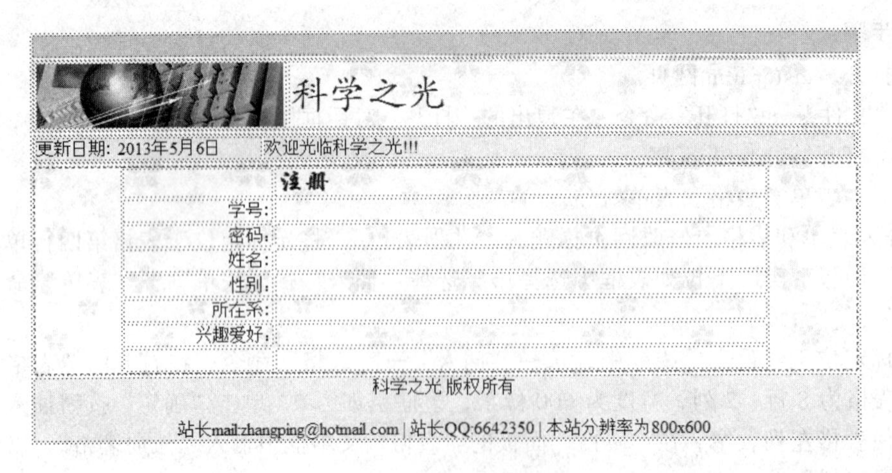

图 17-16　插入表单、表格和文字

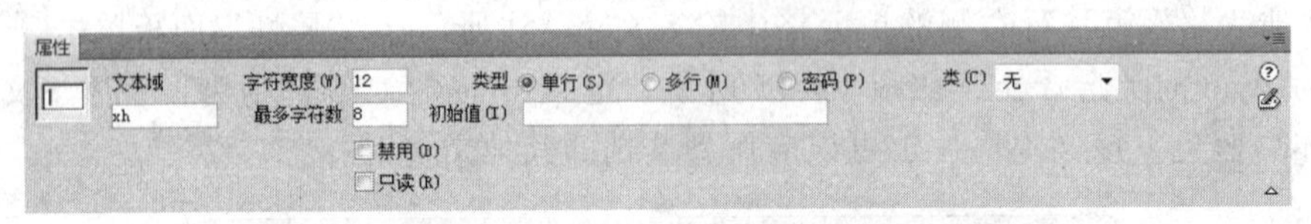

图 17-17　xh 文本域属性设置

图 17-18　pass 文本域属性设置

将光标定位于“注册表格”第五行右侧的单元格中，选择“插入”→“表单”→“单选按钮”命令两次，分别在单选按钮右侧输入文字“男”和“女”。选中第一个单选按钮，在“属性”面板的“初始状态”选项区域选中“已勾选”单选按钮。在单选按钮之间按【Space】键产生分隔空格，如图 17-19 所示。单选按钮名按默认或自行命名。

图 17-19　单选按钮属性设置

注意：两个单选按钮名称必须相同，成为一组单选按钮，使单选按钮只能二选一。

将光标定位于“注册表格”第六行右侧的单元格中，选择“插入”→“表单”→“列表/菜单”命令，单击“属性”面板中的“列表值”按钮，打开“列表值”对话框，分别单击“+”号按钮，在“项目标签”列中输入“计算机系”、“机械电子系”和“英语系”，如图 17-20 所示。单击“确定”按钮，完成列表值输入。

将光标定位于“注册表格”第七行右侧的单元格中，选择“插入”→“表单”→“复选框”命令 4 次，分别在复选框按钮右侧输入文字“上网”、“打球”、“旅游”和“看电影”。可在复选框按钮之间按【Space】键产生分隔空格。

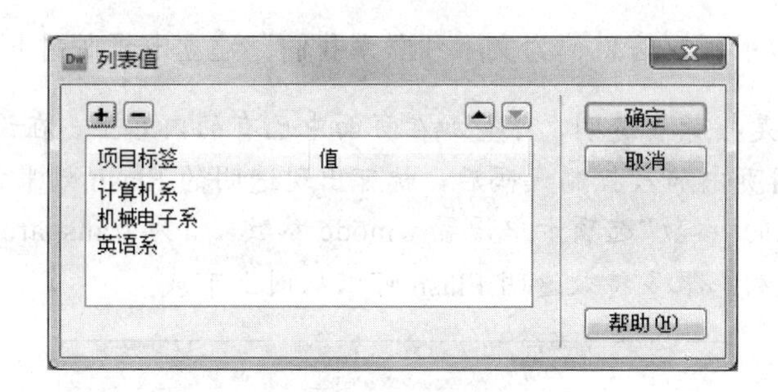

图 17-20 列表值属性设置

将光标定位于“注册表格”第八行右侧的单元格中，选择“插入”→“表单”→“按钮”命令两次，插入两个按钮，选中第二个按钮，在“属性”面板的“动作”选项区域选中“重设表单”单选按钮。

选中“注册表格”右列，在“属性”面板中设置水平对齐方式为“左对齐”。

（3）保存和浏览网页。

选择“文件”→“保存”命令，保存 register.htm 网页，按【F12】键预览网页效果。

三、实训

根据下列要求设计网页，如图 17-21 所示。

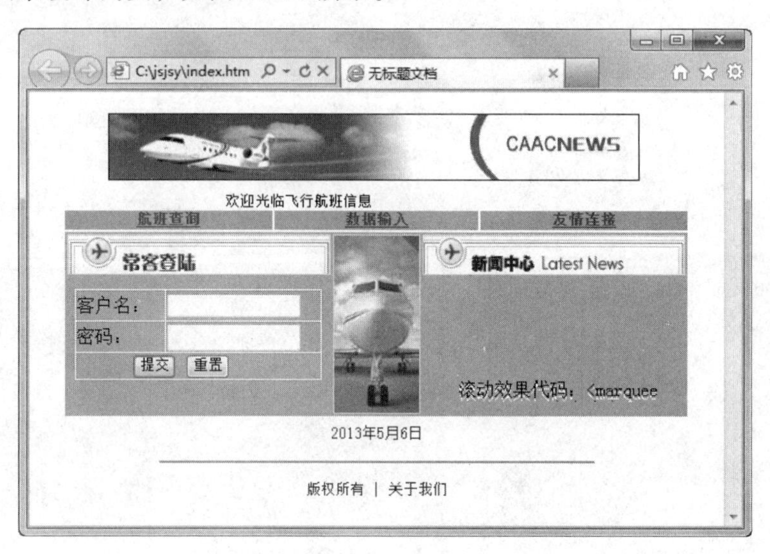

图 17-21 实训网页

（1）创建站点，新建网页，用表格定位、布局网页元素、设置单元格背景色和背景图像等，插入一个背景音乐（文件自定）。

（2）在页面内插入图像、文字、日期和动态文字“欢迎光临飞行航班信息查询”，在页面上使用透明 Flash。

（3）在导航栏创建 3 项超链接，分别是航班查询、数据输入、友情链接。

（4）在页面左边插入表单、表格和表单对象，建立常客登录区域。

（5）在页面右边制作滚动新闻栏。

（6）在页面下方显示版权信息，为文字“联系我们”建立电子邮件超链接。

提示：透明 Flash 是指背景透明，可叠加在页面中已有的内容上。在设计 Flash 时只要不用图片作为背景，当在网页中加入控制代码后，就可出现透明的 Flash 效果。当在层内插入 Flash 后，需要在“属性”面板的“参数”选项卡中设置 wmode 参数，值为 transparent，如图 17-22 所示，就可实现 Flash 透明播放。很多特效透明 Flash 可以从网上下载。

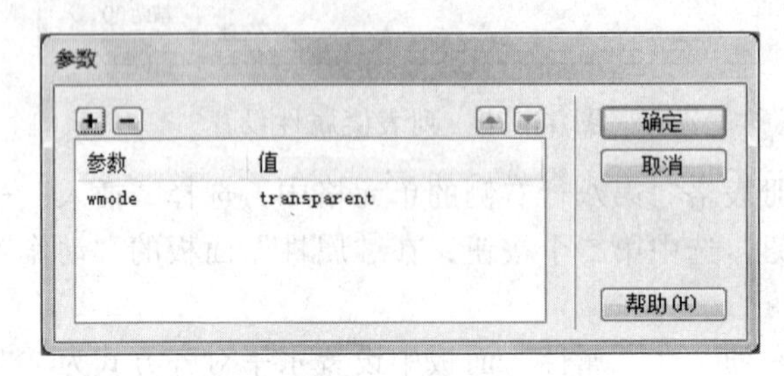

图 17-22　透明 Flash 参数

实验 18　框架网页和层的应用

一、实验目的

（1）掌握创建、保存框架网页和利用框架网页中超链接打开网页的方法。

（2）掌握网页中层、行为的应用方法。

二、实验范例

1. 制作具有三个链接内容的框架网页，如图 18-1 所示。

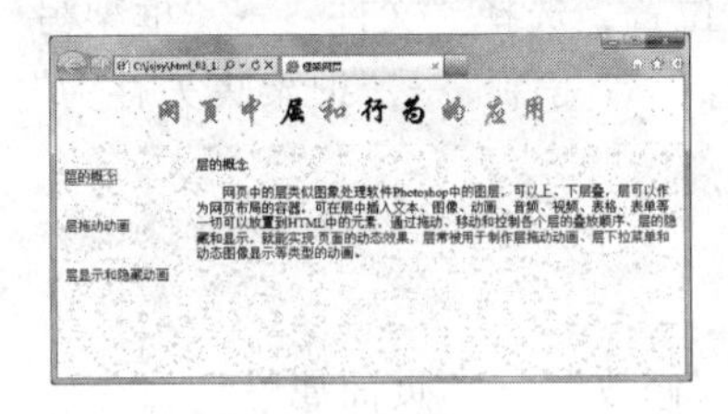

（a）网页一

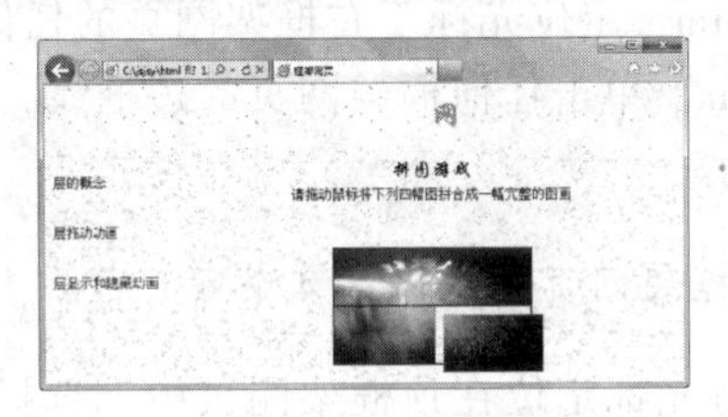

（b）网页二

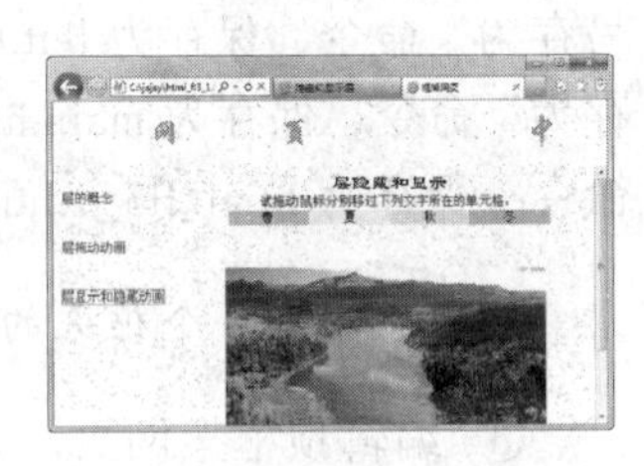

（c）网页三

图 18-1　框架网页

分析：

同一个站点中往往有很多网页具有相同的导航栏、标题栏等。如果在制作每一张网页时都要制作相同的导航栏，将增加工作量，框架则很好地解决了这个问题。所谓“框架”就是将浏览器窗口划分为若干个区域，每个区域中显示具有独立内容的网页。框架集定义了整体的框架布局，记录了框架网页中所包含的框架数量及拆分方式等信息，但其本身并不提供实际的网页内容，网页的具体内容由单独的网页决定。

操作步骤：

（1）设置首选参数、网站和导入素材。

① 设置“首选参数”（参见实验 16）。

② 定义本地站点，例如，站点名称为“计算机课程实验网站”，本地根文件夹为 C:\jsjsy（参见实验 16）。

③ 打开资源管理器，复制实验配套素材中的 images 文件夹到已定义好的本地站点中。

（2）新建文档，保存框架网页，编辑框架网页。

① 新建框架网页。选择“文件”→“新建”命令，打开“新建文档”对话框，选择“示例中的页”选项，在“示例文件夹”选项框中选择“框架页”选项，在“示例页”选项框中选择“上方固定、左侧嵌套”选项，单击“创建”按钮，弹出“框架标签辅助功能属性”对话框，在“标题”文本框中输入“框架网页”，如图 18-2（a）所示。单击“确定”按钮，新建一个未命名的框架网页，如图 18-2（b）所示。

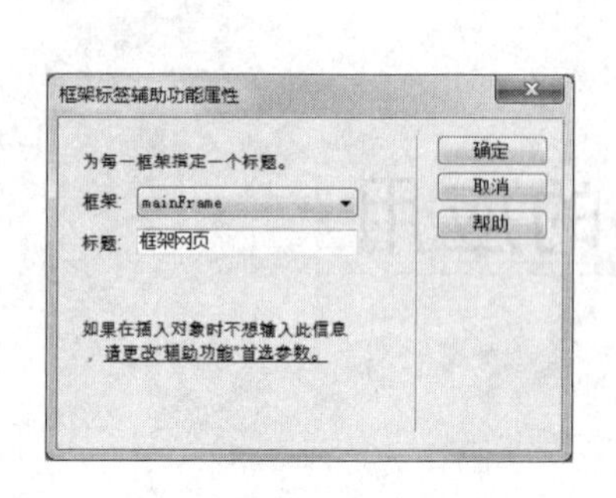

（a）框架标签辅助功能属性

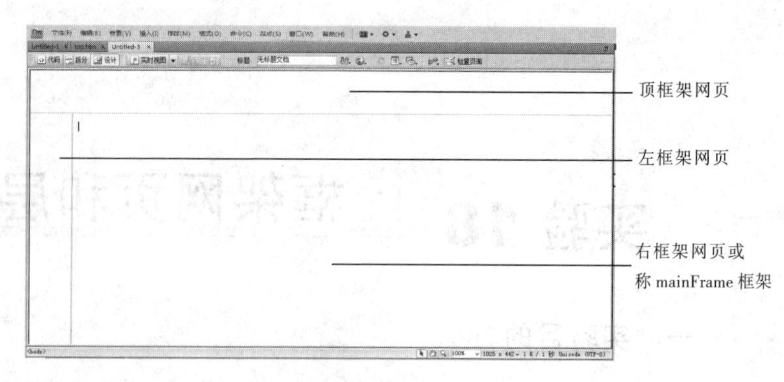

（b）框架网页

图 18-2　设置空白框架网页

② 保存框架、框架集网页。将光标定位于顶框架网页的任何位置，选择“文件”→“框架另存为”命令，保存为 top.htm。定位光标于左框架网页的任何位置，选择“文件”→“框架另存为”命令，保存为 left.htm。定位光标于右框架网页的任何位置，选择“文件”→“框架另存为”命令，保存为 main.htm。单击任何框架网页的边框线，选择“文件”→“框架集另存为”命令，保存为 html_fl3_1.htm。

注意：具有 3 个框架的框架网页，需保存 4 个网页。

③ 编辑顶框架网页。将光标定位在顶框架网页中，选择“修改”→“页面属性”命令，打开“页面属性”对话框，选择“分类”列表框中的“外观”选项，单击“背景图像”文本框右侧的“浏览”按钮，选择图像 images\bg.jpg，分别在“左边距”和“上边距”文本框中输入数字 0，单击“确定”按钮，将图像 bg.jpg 设为顶框架网页的背景，并定位在网页左上部。

选择“插入”→“媒体”→SWF 命令，选择 images\banner.swf 文件，单击“确定”按钮，插入 Flash 对象，可根据“属性”面板中显示的 Flash 对象的高度拖动框架边线，使 Flash 和顶框架高度一致，如图 18-3 所示。

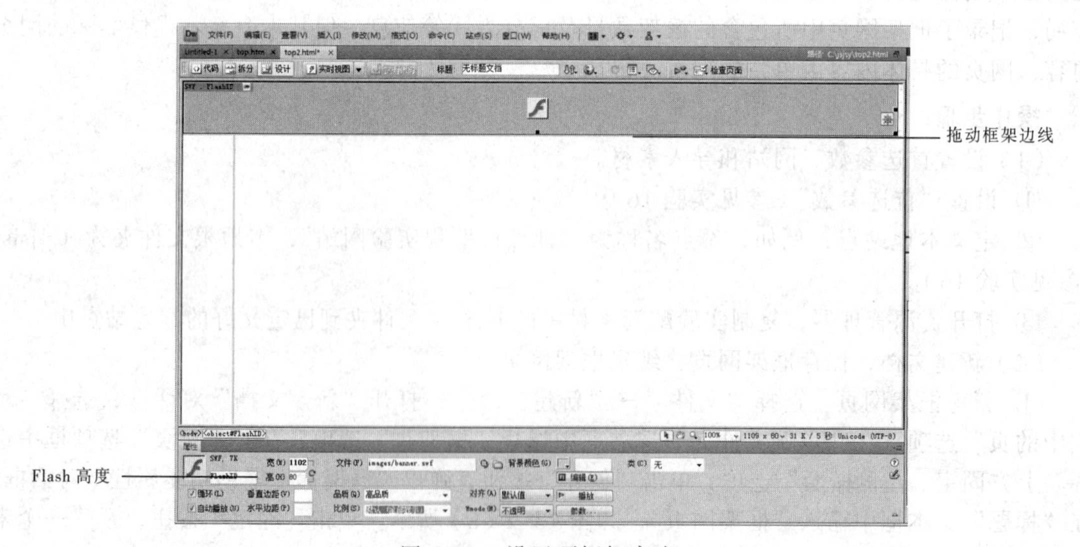

图 18-3　设置顶框架高度

④ 编辑左框架网页。将光标定位在左框架网页中，选择“修改”→“页面属性”命令，打开“页面属性”对话框，选择“分类”列表框中的“外观”选项，单击“背景图像”文本框右侧的“浏览”按钮，选择图像 images\bg.jpg，将图像 bg.jpg 设为左框架网页的背景，然后选择“分类”列表框中的“链接”选项，分别设置“链接颜色”和“已访问链接”颜色为蓝色，设置“变换图像链接”为红色或自己喜欢的颜色，设置“下画线样式”为“仅在变换图像时显示下画线”。

选择“插入”→“表格”命令，打开“表格”对话框，设置表格为 4 行、1 列，宽度为 95%，边框粗细为 0，分别在各行中输入文字“层的概念”、“层时间轴动画”、“层拖动动画”、“层显示和隐藏动画”，适当调整各单元格高度。

选中表格第一行中的文字“层的概念”，在“属性”面板的“链接”文本框中输入 main.htm，在“目标”下拉列表框中选则 mainFrame 选项（即超链接目标在右框架 mainFrame 中打开），如图 18-4 所示。

用同样的方法设置文字“层时间轴动画”链接到 cdh.htm，“层拖动动画”链接到 ctd.htm，“层显示和隐藏动画”链接到 cxs.htm，超链接目标都是右框架（mainFrame）。

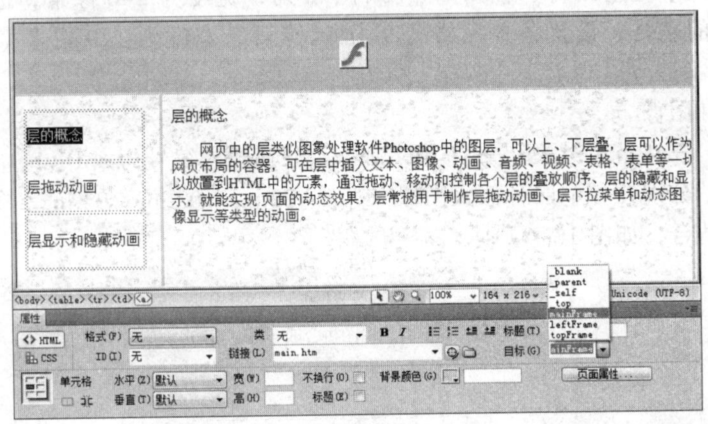

图 18-4　设置超链接

⑤ 编辑右框架网页。将图像 bg.jpg 设为右框架网页的背景，然后打开“文本.txt”文件，复制、粘贴文字到右框架网页中。

⑥ 选择“文件”→“保存全部”命令，保存框架和框架集。按【F12】键或在资源管理器中双击 html_fl3_1.htm 文件预览框架网页的效果，参见图 18-1（a）。

2. 制作层可拖动的网页，如图 18-5 所示。

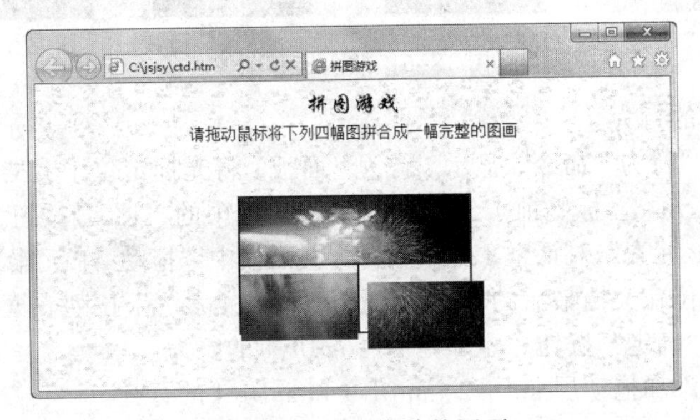

图 18-5　层可拖动的网页

分析：

拖动层动作允许访问者在网页中拖动层，使用此动作可以创建拼板游戏、滑块控件和其他可移动的界面元素。

操作步骤：

（1）新建文档。

选择“文件”→“新建”命令，打开“新建文档”对话框，选择“空白页”选项，在“页面类型”选项框中选择 HTML 选项，在“布局”选项框中选择“无”选项，单击“创建”按钮，创建一个未命名的网页，在“标题”文本框中输入“拼图游戏”。将图像文件 bg.jpg 设置为网页的背景。

插入一个 2 行、1 列，边框粗细为 0 的表格，第一行单元格高度为 30 像素，输入字体为“华文行楷”、大小为 24 像素、居中对齐的文字“拼图游戏”，在第二行单元格中输入居中对齐的文字“请拖动鼠标将下列四幅图拼合成一幅完整的图画”。

按两次【Enter】键空两行，插入一个 2 行、2 列，宽度为 240 像素，边框粗细为 1，填充和间距都为 0 的表格，设置各单元格高度为 68 像素、宽度为 120 像素（取决于图像的高度和宽度）。

（2）插入层和图像。

选择“插入”→“布局对象”→AP Div 命令，分别插入编号为 apDiv1、apDiv2、apDiv3、apDiv4 等 4 个层。分别在各个层种插入图像 01.jpg、02.jpg、03.jpg、04.jpg，拖动层的控制点调整层与图像大小适合，如图 18-6 所示。

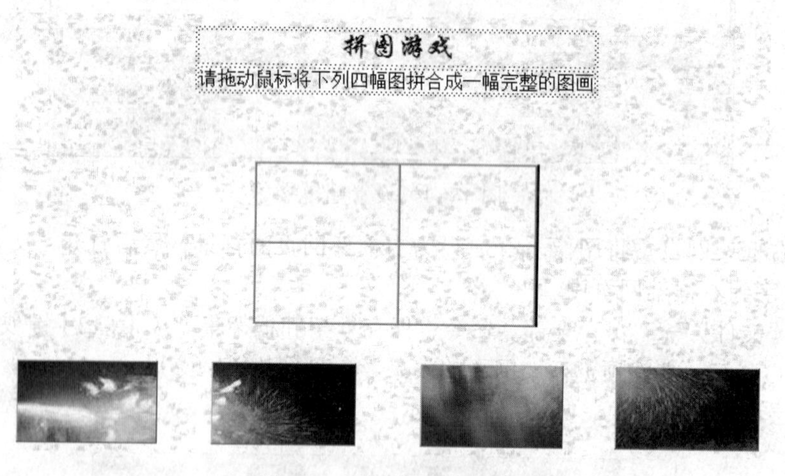

图 18-6　插入层和图像

（3）添加拖动层的行为。

选择“窗口”→“行为”命令，显示“行为”面板。将光标定位于文档的最后（可通过“拆分”视图查看光标在</body>标签前），单击“行为”面板中的“+”号按钮，选“拖动 AP 元素”命令，打开“拖动 AP 元素”对话框（如果“行为”面板中“拖动 AP 元素”命令呈灰色无效状态，说明光标没有定位在文档最后的位置），选择“AP 元素”下拉列表框中的 div apDiv1，如图 18-7 所示，单击“确定”按钮，添加拖动层 apDiv1 的行为。

使用同样的方法添加拖动层 apDiv2、apDiv3 和 apDiv4 的行为。

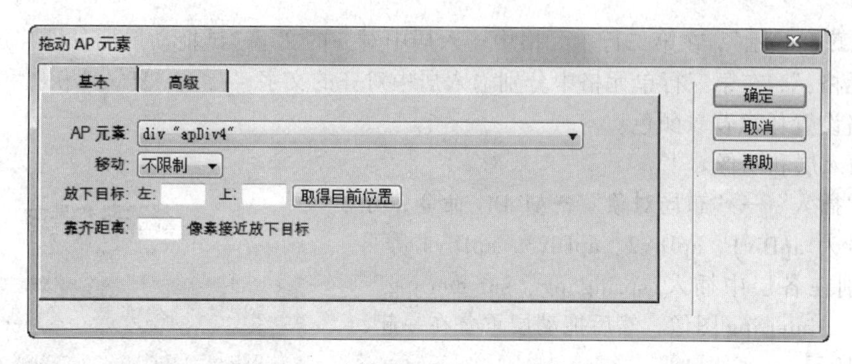

图 18-7　添加拖动层 apDiv1 的行为

（4）保存和浏览网页。

选择"文件"→"保存"命令，保存为 ctd.htm，按【F12】键打开网页，试用鼠标拖动图像。

3. 制作具有层隐藏和显示效果的网页，如图 18-8 所示。

图 18-8　具有层隐藏和显示效果的网页

分析：

网页中相互重叠的层之间可以通过层隐藏和显示，改变显示的层内容。

操作步骤：

（1）新建文档。

选择"文件"→"新建"命令，打开"新建文档"对话框，选择"空白页"选项，在"页面类型"选项框中选择 HTML 选项，在"布局"选项框中选择"无"选项，单击"创建"按钮，创建一个未命名的网页，在"标题"文本框中输入"隐藏和显示层"。将图像文件 bg.jpg 设置为网页的背景。

插入一个 3 行、4 列，宽度为 400 像素、边框粗细为 0、填充和间距都为 0 的表格，合并第一、二行的单元格，在第一行单元格中输入字体设置为"隶书"、大小为 24 像素、居中对齐的文字“层隐藏和显示”，在第二行单元格中输入居中对齐的文字“试拖动鼠标分别移过下列文字所在的单元格:”，在第三行单元格中分别输入居中对齐的文字“春”、“夏”、“秋”和“冬”，为每个单元格设置任意背景颜色。

（2）插入层和图像。

选择“插入”→“布局对象”→AP Div 命令，分别插入编号为 apDiv1、apDiv2、apDiv3、apDiv4 等 4 个层。分别在各层中插入 spring.jpg、summer.jpg、autumn.jpg、winter.jpg 图像，然后拖动层重叠在一起，如图 18-9 所示。

图 18-9 编辑网页

（3）添加拖动层的行为。

选择“窗口”→“行为”命令，显示“行为”面板。定位光标在文字“春”所在单元格中，再按住【Ctrl】键单击，选中“春”所在单元格，单击“行为”面板中的“+”号按钮，选择“显示-隐藏元素”命令，打开“显示-隐藏元素”对话框，单击“显示”和“隐藏”按钮，设置层 div apDiv1“显示”，div apDiv2、div apDiv3 和 div apDiv4“隐藏”，如图 18-10（a）所示，单击“确定”按钮，在“行为”面板的“事件”下拉列表框中选择 onMouseOver 事件，如图 18-10（b）所示，完成在“春”字所在单元格添加“显示-隐藏层”的行为，该项设置实现了鼠标经过“春”单元格时，显示 apDiv1 层和层上的图像 spring.jpg。

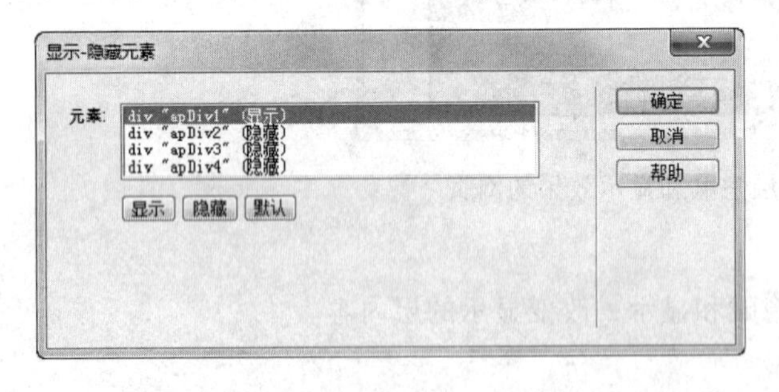

（a）“显示-隐藏元素”对话框

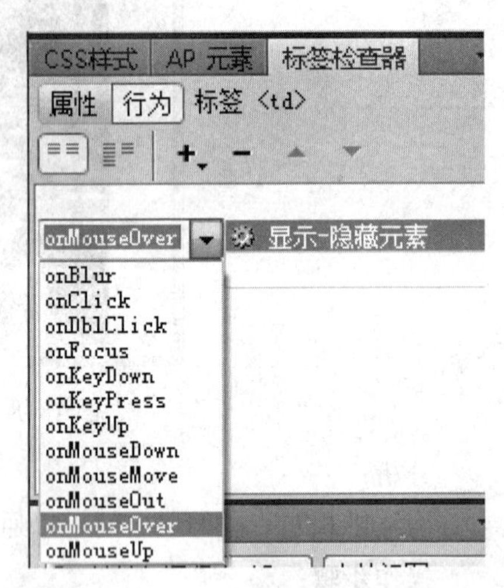

（b）选择 onMouseOuer 事件

图 18-10 设置隐藏和显示层的行为

定位光标在文字“夏”所在单元格，再按住【Ctrl】键单击，选中“夏”所在单元格，单击“行为”面板中的“+”号按钮，选择“显示-隐藏元素”命令，打开“显示-隐藏元素”对话框，单击“显示”和“隐藏”按钮，设置层 div apDiv2“显示”，div apDiv 1、div apDiv 3 和 div apDiv 4“隐藏”。

使用同样的方法为“秋”和“冬”等单元格“显示-隐藏元素”添加行为。

（4）保存和浏览网页。

选择“文件”→“保存”命令，保存为 cxs.htm，按【F12】键浏览网页，预览当鼠标经过“春”、“夏”、“秋”和“冬”等各单元格时，显示、隐藏图像的效果。

三、实训

根据下列要求设计网页，如图 18-11 所示。

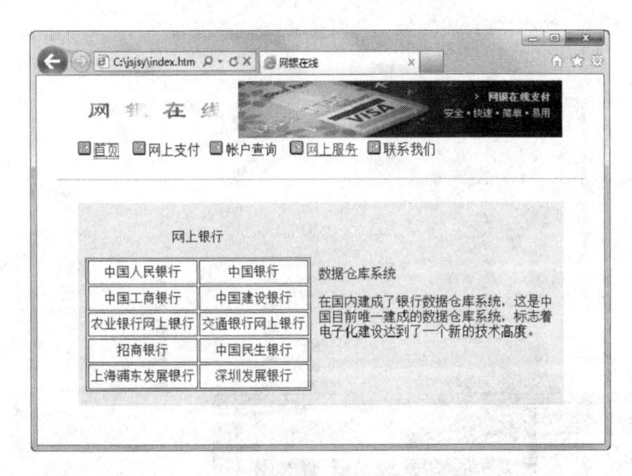

（a）网页一

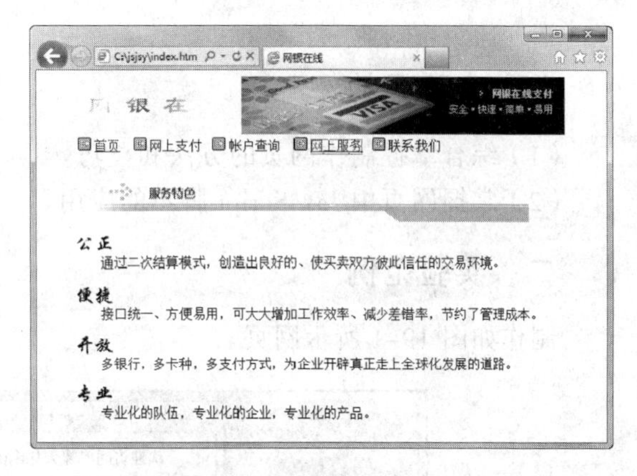

（b）网页二

图 18-11　实训网页

（1）创建站点，新建“上方固定”的框架网页 index.htm，网页标题为“网银在线”，上框架 top.htm 的高度为 120 像素，下框架保存为 main.htm。

（2）在 top.htm 中插入一个居中显示的 2 行表格，要求表格的宽度为 600 像素，不显示边框，边距、间距均为 0。

（3）在 top.htm 表格第一行中插入 Flash 动画 logo.swf 和图片 main1.jpg，设置 Flash 动画的背景为透明，高度 70 像素，宽度 196 像素。

（4）在 top.htm 表格第二行中制作导航栏，设置“首页”链接到 main.htm，“网上服务”链接到 service.htm，目标均为下框架。

（5）编辑网页 main.htm，插入一个居中显示的 2 列表格，表格的宽度为 600 像素，不显示边框，边距、间距均为 0。左单元格背景色为#F5F2C5，右单元格背景色为#EEEDFE。在左单元格中插入嵌套表格，并设置背景图像。

（6）编辑网页 service.htm，设置项目字体为华文行楷，24 像素。

实验 19 网页综合应用

一、实验目的

（1）综合掌握制作网页的方法和技巧。

（2）掌握网页中 JavaScript 脚本的应用。

二、实验范例

制作如图 19-1 所示网页。

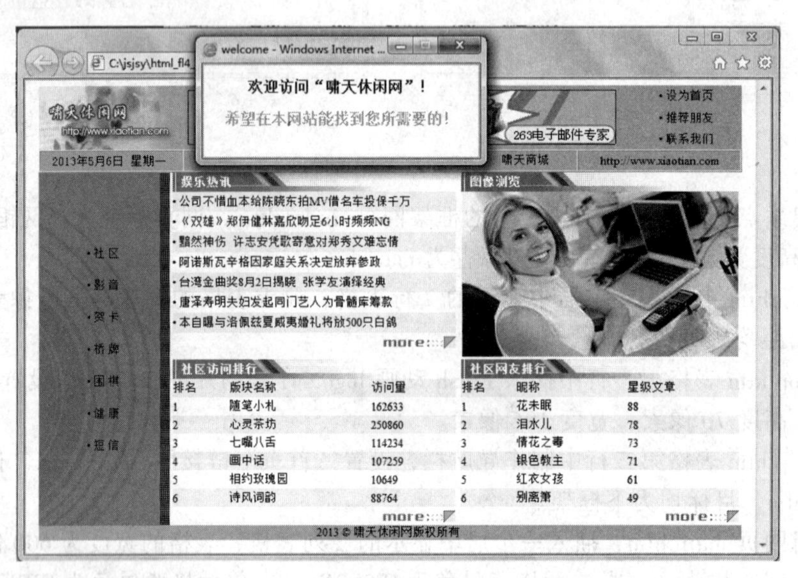

图 19-1 网页样例

分析：

网站设计时需综合使用各种网页制作技术，使网站主题突出、布局合理、形式美观、导航通畅。

操作步骤：

（1）设置首选参数、站点和导入素材。

① 设置“首选参数”，定义本地站点。

② 打开资源管理器，复制实验配套素材中的 images 文件夹到已定义好的本地站点中。

（2）新建、保存文档和属性设置。

选择“文件”→“新建”命令，新建一个 HTML 网页，在“标题”文本框中输入“啸天休闲网”，保存文档为 html_fl4_1.htm。

选择“修改”→“页面属性”命令，打开“页面属性”对话框，选择“分类”列表框中的“外观”选项，设置文字大小为 13 像素、“左边距”和“上边距”都为 0；选择“分类”列表框中的“链接”选项，分别设置“链接颜色”和“已访问链接”颜色为蓝色，设置“变换图像链接”为红色或设置为自己喜欢的颜色，设置“下画线样式”为“仅在变换图像时显示下画线”。

（3）插入布局表格和嵌套表格。

分析图 19-1 所示的网页样例，整个网页首先用 4 行 1 列，宽度为 770 像素，填充、间距都为 0，居中对齐的表格进行布局。

在第一行单元格内插入 3 行 3 列，宽度为 100%，填充、间距都为 0 的嵌套表格，并命名表格 Id 为 t1，分别合并第一列的 3 个单元格和第二列的 3 个单元格。

在第二行单元格内插入 1 行 6 列，宽度为 100%，边框粗细为 1 像素，填充、间距都为 0 的嵌套表格，并命名表格 Id 为 t2。

在第三行单元格内插入 2 行 3 列，宽度为 100%，填充、间距都为 0 的嵌套表格，并命名表格 Id 为 t3，合并第一列的两个单元格。再选中嵌套表格 t3 第二、三列的 4 个单元格，在“属性”面板中设置为垂直顶端对齐。在嵌套表格 t3 的第二列第一、二行单元格中分别插入 9 行 1 列和 9 行 3 列的嵌套表格，在第三列第一、二行单元格中分别插入 2 行 1 列和 9 行 3 列嵌套表格，各嵌套表格宽度都为 98%，填充、间距都为 0，水平居中对齐，合并第一行和最后一行单元格。

表格插入方法略。整个网页的布局表格和嵌套表格如图 19-2 所示。

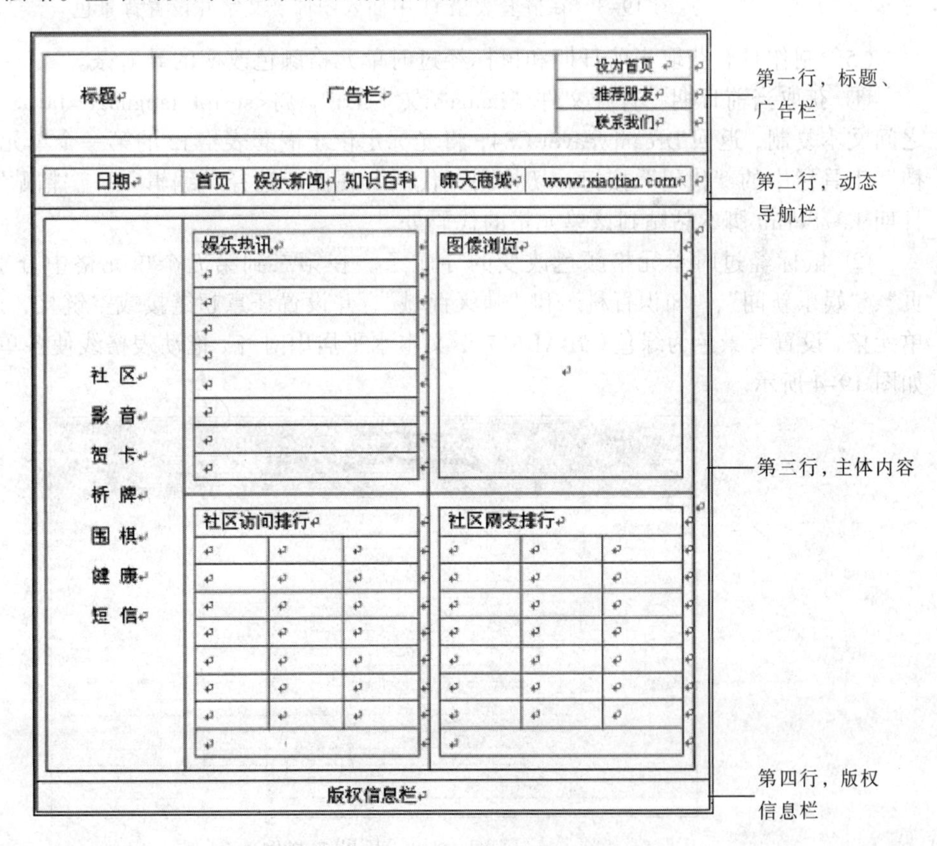

图 19-2　整个网页的布局表格和嵌套表格示意图

（4）制作标题、广告栏。

在嵌套表格 t1 第一列单元格中插入图像 images\logo.gif，在第二列单元格中插入图像 images\banner.gif，在第三列上、中、下三个单元格中分别插入“• 设为首页”、“• 推荐朋友”和“• 联系我们”，并设置空链接。

单击状态栏<table#t1>标签或单击嵌套表格 t1 的表格线选中表格，单击“属性”面板中的“背景颜色”按钮，弹出调色板，用吸管工具单击图像 logo.gif 的右侧绿色区域，或直接在“属性”面板中的“背景颜色”文本框中输入“#BAD617”，设置表格背景色为绿色，如图 19-3 所示。

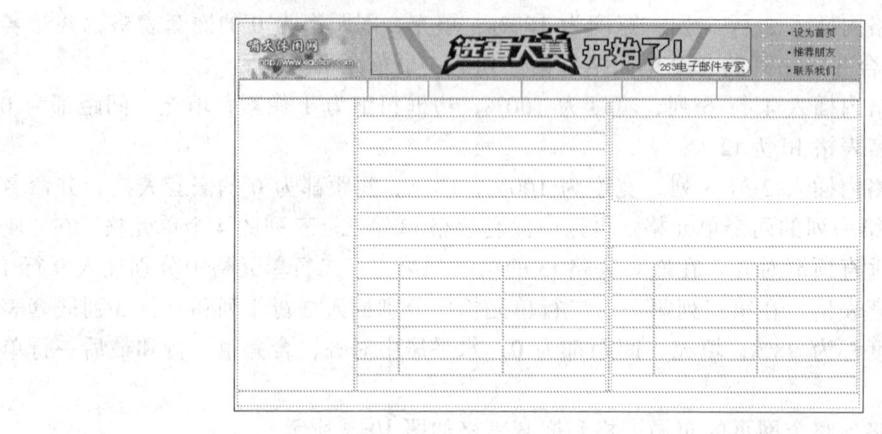

图 19-3　在嵌套表格 t1 中插入图像、文字并设置背景色

（5）制作具有获取当前日期和鼠标经过时单元格颜色改变的导航条。

① 获取当前日期。打开文件“images\文本.txt”，将<script language=JavaScript>至</script>之间文本复制，返回 Dreamweaver CS4，将光标定位于嵌套表格 t2 的第一个单元格中，单击“文档”工具栏中的“代码”按钮，切换到“代码”视图，选择“编辑”→“粘贴”命令，将动态日期 JavaScript 脚本粘贴到该单元格的代码处。

② 鼠标经过时单元格颜色改变的导航条。在第二到第五个单元格中分别输入文字“首页”、“娱乐新闻”、“知识百科”和“啸天商城”，并设置任意超链接或空链接，选中第一至六个单元格，设置背景色为绿色（#BAD617），文本水平居中对齐，拖动表格线使各单元格大小合适，如图 19-4 所示。

图 19-4　导航条制作

将光标定位于第二个单元格中，单击“文档”工具栏中的“代码”按钮，切换到“代码”视图，将单元格的颜色变化代码 OnMouseOver=javascript: style.backgroundColor="FFCC00" OnMouseOut=javascript:style.backgroundColor=""插入到标签<td>的>号前，使代码内容变为<td width="100" OnMouseOver=javascript:style.backgroundColor="#FFCC00" OnMouseOut=javascript:style.backgroundColor="">。用同样方法为第三至第五个单元格添加单元格颜色变化代码。按【F12】键打开网页，将鼠标移过上述单元格，预览变色效果。

（6）主题信息制作。

① 设置背景图像并插入文字、图像。将光标定位于嵌套表格 t3 的第一列单元格中，在“属性”面板的“背景”文本框中输入 images/bg.gif，设置 images\bg.gif 为背景图像，输入“•社区”、“•影音”、“•贺卡”、“•桥牌”、“•围棋”、“•健康”、“•短信”等文字，并为文字设置任意超链接或空链接。

设置嵌套表格 t3 的第二、三列 4 个单元格中的嵌套表格的第一行单元格背景为 images\bg01.gif，分别输入“娱乐热讯”、“图像浏览”、“社区访问排行”和“社区网友排行”等文字，白色、粗体，并在每个行首按几次【Space】键产生缩进，再给各嵌套表格的第二、四、六行设置淡灰色（#F2F2F2）背景修饰表格，如图 19-5 所示。

图 19-5　制作主体信息

在标题“娱乐热讯”、“社区访问排行”和“社区网友排行”等所在表格分别输入文字，在最后一行插入图像 images\more.gif 和 images\pic.gif 并设置为右对齐。

将光标定位于标题“图像浏览”所在表格的第二行单元格中，插入图像 images\Image1.jpg 并命名为 picture，如图 19-6 所示。

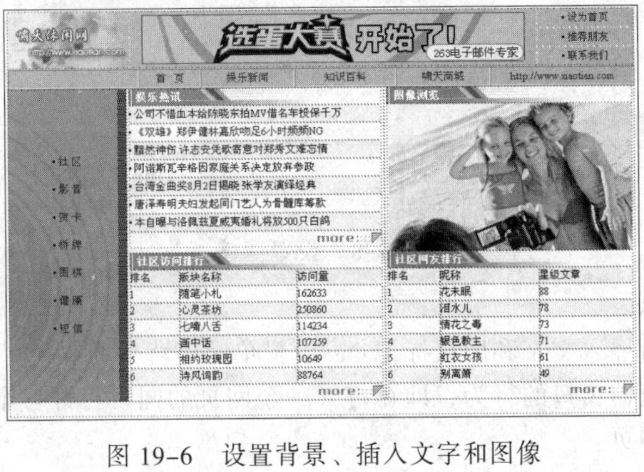

图 19-6　设置背景、插入文字和图像

② 添加图片定时和特效换片功能。

插入图片定时换片代码：在资源管理器中打开“images\文本.txt”文件，复制“图片定时、特效换片”下的<body Onload="startChange()">至</script>之间的代码，返回 Dreamweaver CS4 环境，单击“文档”工具栏中的“代码”按钮，切换到“代码”视图，找到并选中<body>标签，选择“编辑”→“粘贴”命令，插入 Javascript 脚本，可根据自己的要求在脚本的注释处修改换片时间、数量等参数。

添加特效滤镜：选择“窗口”→“CSS 样式”命令，打开“CSS 样式”面板，单击面板下方的“新建 CSS 规则”按钮，打开“新建 CSS 规则”对话框，在“选择器类型”下拉列表框中选择“类”选项，在“选择器名称”文本框中输入.filter，选择定义规则的位置为“仅限该文档”，如图 19-7 所示。

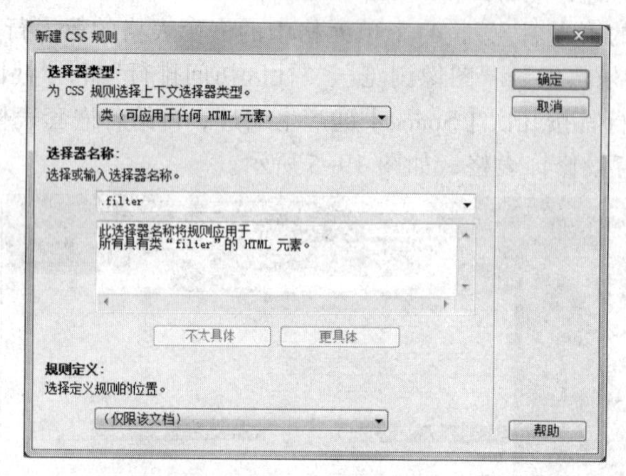

图 19-7 “新建 CSS 规则”对话框

单击“确定”按钮，打开“.filter 的 CSS 规则定义”对话框，选择“分类”列表框中的“扩展”选项，从“滤镜”下拉列表框中选择 RevealTrans(Duration=?, Transition=?)选项，并在两个“?”处分别输入 2 和 20，如图 19-8 所示，单击“确定”按钮，完成滤镜设置。

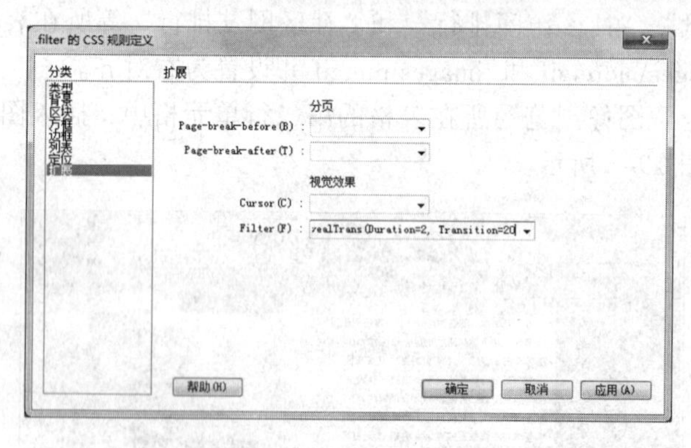

图 19-8 设置滤镜

（7）制作版权信息。

在布局表格第四行插入文字和版权标记©，设置单元格背景为绿色（#BAD617）。

（8）添加打开浏览器窗口的行为，即在打开一个网页的同时打开一个窗口大小可调，菜单栏、工具栏有或无的网页。

选择“窗口”→“行为”命令，打开“行为”面板，单击“添加行为”按钮，选择“打开浏览器窗口”命令，打开“打开浏览器窗口”对话框，单击“要显示 URL”文本框右侧的“浏览”按钮，选择 welcome.htm 网页，设置窗口宽度和高度分别为 300 像素和 100 像素，如图 19-9 所示，单击“确定”按钮，在“行为”面板中增加了一个打开浏览器窗口的行为。

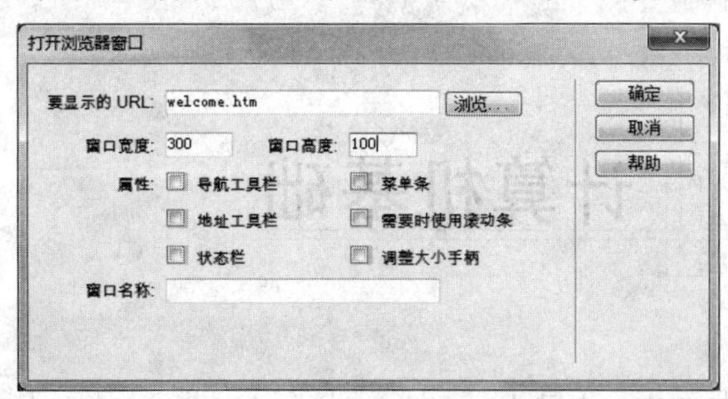

图 19-9　设置打开浏览器窗口

（9）保存和浏览网页。

选择“文件”→“保存”命令，保存为 html_fl4_1.htm，按【F12】键预览同时打开两个网页和图像自动切换的效果。

三、实训

根据下列要求设计网页，如图 19-10 所示。

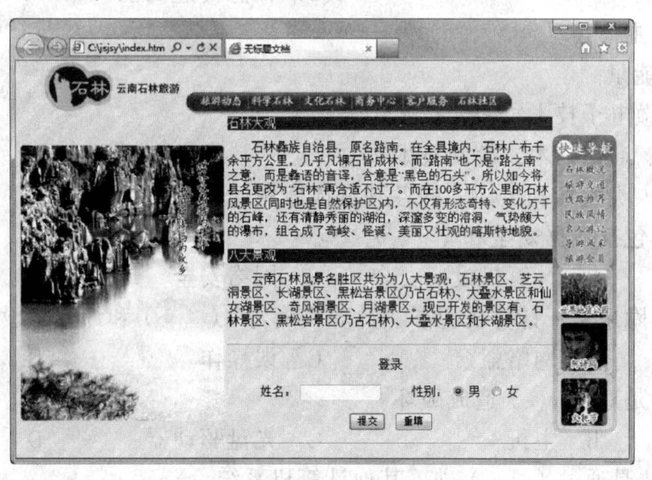

图 19-10　实训网页

（1）创建站点，新建网页 index.htm，设置网页的背景图像为 bj3.jpg。

（2）使用表格进行布局：插入 2 行 3 列表格，在第二行第二个单元格内插入 5 行 1 列的嵌套表格，表格的填充、间距和边距均为 0。

（3）在表格第一行插入图像 sl_bnd.gif，第二行第一个单元格内插入 shilin.swf，第二行第三个单元格内插入图像 sl.gif，为“导游风采”制作热区链接到 dyfc.jpg。

（4）将配套的“文本.txt”内容复制网页中间，参照图 19-10 进行格式化，标题白字红底。

（5）插入表单及表单对象。

第二部分　习题及参考答案

习题 1　计算机基础

一、单选题

1. 一般认为，信息（information）是（　　）。
   A. 数据
   B. 人们关心的事情的消息
   C. 反映物质及其运动属性与特征的原始事实
   D. 记录下来的可鉴别的符号
2. 信息技术是在信息处理中所采取的技术和方法，也可看作是（　　）。
   A. 信息存储功能　　B. 扩展人的感觉和记忆功能
   C. 信息采集功能　　D. 信息传递功能
3. 现代信息技术的主体技术是（　　）等。
   A. 新材料和新能量
   B. 电子技术、微电子技术、激光技术
   C. 计算机技术、通信技术、控制技术
   D. 信息技术在人类生产和生活中的各种具体应用
4. 信息安全的含义包括数据安全和（　　）。
   A. 人员安全　　B. 计算机设备安全　　C. 网络安全　　D. 通信安全
5. 信息安全的四大隐患是：计算机犯罪、计算机病毒、（　　）和计算机设备的物理性破坏。
   A. 自然灾害　　B. 网络盗窃　　C. 误操作　　D. 软件盗版
6. 计算机病毒主要是对（　　）造成破坏。
   A. 磁盘　　B. 主机　　C. 光盘驱动器　　D. 程序和数据
7. “蠕虫”病毒往往是通过（　　）进入其他计算机系统。
   A. 软件　　B. 系统　　C. 网络　　D. 防火墙
8. 电子商务中的网上购物中，企业对消费者的模式简称（　　）。
   A. B2C　　B. C2C　　C. B2B　　D. C2B
9. 冯·诺依曼结构的计算机是将计算机划分为运算器、存储器、（　　）、输入和输出设备五大基本部件。
   A. 总线　　B. 中央处理器　　C. 控制器　　D. 硬盘
10. 计算机中能被 CPU 直接存取的信息是存放在（　　）中。
    A. U 盘　　B. 硬盘　　C. 光盘　　D. 内存

11. 计算机断电或重新启动后，(　　) 中的信息丢失。
A. CD-ROM　　B. RAM　　C. 光盘　　D. 硬盘
12. 高速缓冲存储器 Cache 是介于 CPU 和内存之间的容量较小、但速度接近于 (　　) 的存储器。
A. CPU　　B. 硬盘　　C. 主板　　D. 内存
13. 计算机系统的内部总线，主要可分为 (　　)、数据总线和地址总线。
A. DMA 总线　　B. 控制总线　　C. PCI 总线　　D. RS-232
14. 数据通信的系统模型由 (　　) 三部分组成。
A. 数据、通信设备和计算机　　B. 数据源、数据通信网和数据宿
C. 发送设备、同轴电缆和接收设备　　D. 计算机、连接电缆和网络设备
15. D/A 转换器的功能是将 (　　)。
A. 声音转换为模拟量　　B. 模拟量转换为数字量
C. 数字量转换为模拟量　　D. 数字量和模拟量混合处理
16. 下列计算机常用的数据通信接口中，传输速率最高的是 (　　)。
A. USB 1.1　　B. USB 2.0　　C. RS-232　　D. IEEE 1394
17. 二进制数 10001001011 转换为十进制数是 (　　)。
A. 1077　　B. 1099　　C. 2099　　D. 2077
18. 十六进制数 ABCDE 转换为十进制数是 (　　)。
A. 713710　　B. 703710　　C. 693710　　D. 371070
19. 十进制数 777 转换为二进制数是 (　　)。
A. 1100001111　　B. 1100001001　　C. 1100001101　　D. 1111111111
20. 在教学中利用计算机软件给学生演示教学内容，这种信息技术应用属于 (　　)。
A. 数据处理　　B. 辅助教学　　C. 自动控制　　D. 辅助设计
21. 人们根据特定的需要，预先为计算机编制的指令序列称为 (　　)。
A. 软件　　B. 文件　　C. 集合　　D. 程序
22. 如果要使一台微型计算机能运行，除硬件外，首先须要有的软件是 (　　)。
A. 数据库系统　　B. 应用软件　　C. 语言处理程序　　D. 操作系统
23. 计算机软件可以分为 (　　) 两大类。
A. 应用软件和数据库软件　　B. 管理软件和应用软件
C. 系统软件和编译软件　　D. 系统软件和应用软件
24. 打印机的传输线要和主机的打印端口相连，最常用的并行端口是 (　　)。
A. COM　　B. LPT　　C. USB　　D. 1394
25. 串行接口 RS-232 和 USB 相比较，在速度上 (　　)。
A. USB 快　　B. 相同的　　C. RS-232 快　　D. 不确定
26. 用一个字节表示不带符号的数，转换成十进制整数，其最大值是 (　　)。
A. 127　　B. 128　　C. 255　　D. 256
27. 用 24 位二进制数表示每个像素的颜色时，能表示颜色可多达 (　　) 种。
A. 2^{24}　　B. 10^{24}　　C. 2400　　D. 24
28. Java 是一种 (　　)。
A. 计算机语言　　B. 计算机设备　　C. 数据库　　D. 应用软件

29. 计算机硬件能直接识别和执行的只有（ ）。
A. 高级语言 B. 符号语言 C. 汇编语言 D. 机器语言
30. 高级语言可分为面向过程和面向对象两大类，下面（ ）不属于面向对象的高级语言。
A. FORTRAN B. C++ C. Java D. VB.NET

二、多选题

1. 现代信息技术的内容包括（ ）技术、信息控制技术和信息存储技术。
A. 信息获取 B. 信息传输 C. 信息处理 D. 信息推销
2. 直接连接存储是当前最常用的存储形式，主要存储部件包括有（ ）。
A. 硬盘 B. U 盘 C. 磁带 D. 光盘
3. 信息家电一般与（ ）有关。
A. 嵌入式操作系统 B. 嵌入式微处理器
C. 应用层软件 D. 网络技术
4. 计算机要执行一条指令，CPU 所涉及的操作除取指令外，还应该包括下列的（ ）。
A. 指令译码 B. 指令执行 C. 存放结果 D. 读/写磁盘
5. 计算机断电或重新启动后，（ ）中的信息不会丢失。
A. 已存放在硬盘 B. Cache C. ROM D. RAM
6. 以下属于工具软件的是（ ）。
A. 各类驱动程序 B. FTP 工具 C. BIOS 升级程序 D. 电子邮件编辑工具
7. 下面有关数制的说法中，正确的是（ ）。
A. 二进制数制仅含数符 0 和 1
B. 十进制 16 等于十六进制 10
C. 一个数字串的某数符可能为 0，但任一数位上的“权值”不可能是 0
D. 常用计算机内部一切数据都是以十进制为运算单位的
8. 语言处理（翻译）程序有（ ）。
A. 汇编程序 B. 解释程序 C. 编译程序 D. 运行程序
9. 计算机病毒的防治要从（ ）三方面来进行。
A. 预防 B. 监测 C. 清除 D. 验证
10. 计算机病毒的感染途径有很多，主要有（ ）。
A. 网络传输 B. 随便使用他人的移动存储
C. 使用非法盗版软件 D. 利用计算机休眠功能
11. 以下不属于计算机外围设备的是（ ）。
A. 数码照相机 B. 内存 C. Hub D. CPU
12. “3C 技术”是信息技术的主体，它是（ ）的合称。
A. 通信技术 B. 微电子技术 C. 计算机技术 D. 控制技术
13. USB 接口目前被广泛应用，其优点包含有（ ）。
A. 传输速率较快 B. 传输距离远
C. 可接入多种设备 D. 支持热插拔
14. 计算机病毒一般具有破坏性和（ ）特性。
A. 传染性 B. 隐蔽性 C. 潜伏性 D. 长期性

15. 信息技术的发展经历了语言的利用、（ ）和计算机技术的发明等五次重大变革。
A. 文字的发明 B. 印刷术的发明 C. 电报的发明 D. 电信的革命
16. 计算机道德大致包含（ ）等几方面。
A. 遵守使用规则 B. 履行保密义务
C. 保护个人隐私 D. 禁止恶意攻击

三、填空题

1. 物质、能源和________是人类社会赖以生存、发展的三大重要资源。
2. 信息可以由一种形态________为另一种形态，是信息的特征之一。
3. 信息处理技术就是对获取到的信息进行识别、转换、________，保证信息安全、可靠地存储。
4. 电子商务的安全保障主要通过加密技术、________和安全电子商务的支付规范来保证。
5. 现代通信技术正在沿着________、宽带化、高速化、智能化、综合化、网络化的方向迅速发展。
6. 计算机辅助设计是计算机重要应用领域之一，它的英文缩写是________。
7. 存储器分内存储器和外存储器，内存又称________，外存又称________。
8. CPU 与存储器之间在速度的匹配方面存在着矛盾，一般采用多级存储系统层次结构 Cache—Memory—Disk 来解决或缓和矛盾。按速度的快慢排列，它们是高速缓存 Cache、内存、________。
9. Cache 是一种介于 CPU 和________之间的可高速存取数据的存储器。
10. 在计算机的外围设备中，除外存储器（硬盘、软盘、光盘和磁带机等），最常用的输入设备有________、________，输出设备有________、________。
11. 在微型机中，信息的基本存储单位是字节，每个字节内含________个二进制位。
12. 汉字以 24×24 点阵形式在屏幕上单色显示时，每个汉字占________字节。
13. 存储容量 1MB，可存储________ KB。
14. 目前 USB 2.0 规范可以提供的最大传输速率是________ Mbit/s。
15. 计算机系统由计算机硬件和软件两大部分组成，其中计算机软件又可分为________和________。
16. 计算机软件是计算机系统中各种程序和相应文档资料的总称，软件的主体是________。
17. CPU 内包含控制器和________两部分。
18. 任意一种数制都有三个要素：数符、基数和________。
19. 计算机内部指令的编码形式都是________编码。
20. 在计算机系统中，任何外围设备必须通过________才能实现主机和设备之间的信息交换。
21. 二进制数中右起第 10 位上的 1 相当于 2 的________次幂。
22. 冯·诺依曼体系结构的计算机都是以________为特征的。

习题 2 Windows 7 和 Office

一、单选题

1. 在 Windows 7 中，按键盘上的<Windows 徽标>键将（　　）。

   A. 打开选定文件　B. 关闭当前运作程序　C. 显示系统属性　D. 显示“开始”菜单

2. 文本文件的扩展名是（　　）。

   A. .txt　B. .exe　C. .jpg　D. .avi

3. 在 Windows 系统中，回收站的作用是存放（　　）。

   A. 文件的碎片　B. 被删除的文件　C. 已破坏的文件　D. 剪切的文本

4. 在资源管理器中，要显示文件的名称、类型、大小等信息，应选择“查看”菜单中的（　　）命令。

   A. 小图标　B. 详细信息　C. 中等图标　D. 列表

5. 在 Windows 7 中，下列组合键与剪贴板操作有关的是（　　）。

   A. Ctrl+V　B. Ctrl+N　C. Ctrl+S　D. Ctrl+A

6. 在 Windows 7 中右击某对象时，会弹出（　　）菜单。

   A. 控制　B. 快捷　C. 应用程序　D. 窗口

7. 在 Windows 7 的资源管理器窗口，以下方法中不能新建文件夹的是（　　）。

   A. 执行“文件”→“新建”→“文件夹”命令
   B. 从快捷菜单选择“新建”→“文件夹”命令
   C. 执行“组织”→“布局”→“新建”命令
   D. 单击“新建文件夹”命令按钮

8. 在资源管理器窗口中，要选定不连续的文件或文件夹，在单击前按住（　　）键。

   A. Tab　B. Shift　C. Alt　D. Ctrl

9. 如果要新增或删除程序，可以在控制面板上选用（　　）功能。

   A. 系统和安全　B. 硬件和声音　C. 程序　D. 外观及个性化

10. 在 Windows 7 中，要进入当前对象的帮助对话框，可以按（　　）键。

    A. F1　B. F2　C. F3　D. F5

11. 在 Word 2010 中，单击“开始”功能区“剪贴板”分组中的“粘贴”按钮后（　　）。

    A. “剪贴板”中的内容被清空　B. “剪贴板”中的内容不变
    C. 选择的内容被粘贴到“剪贴板”　D. 选择的内容被移动到“剪贴板”

12. 在 Word 2010 中，要在光标处设置一个分页符，应单击“页面布局”功能区“页面设置”分组的（　　）按钮。

    A. 分隔符　B. 页码　C. 符号　D. 艺术字

13. 以下 Word 2010 的四个操作中，（　　）不能在“打印”面板中设置。

A. 打印页范围 B. 打印机选择 C. 页码位置 D. 打印份数

14. 在 Word 的文件存盘操作中，“另存为”是指（ ）。

A. 退出编辑，但不退出 Word，不能改变文件名和保存的位置

B. 退出编辑，退出 Word 系统，不能改变文件名和保存的位置

C. 不退出编辑，退出 Word 系统，可以改变文件名或保存位置

D. 不退出编辑，可以改变文件名或保存位置

15. Word 不可以只对（ ）改变文字方向。

A. 表格单元格中的文字 B. 图文框 C. 文本框 D. 选中的几个字符

16. 在 Word 中，有关表格的叙述，以下说法正确的是（ ）。

A. 文本和表格可以互相转化 B. 只能将文本转化为表格

C. 文本和表格不能互相转化 D. 只能将表格转化为文本

17. 如果要将 Word 文档保存为文本文件，应在“另存为”对话框的“保存类型”中选择（ ）。

A. Word 文档 B. 纯文本 C. 文档模板 D. 其他

18. 一个 Excel 工作簿中含有（ ）个默认工作表。

A. 1 B. 3 C. 16 D. 256

19. 在 Excel 中，单元格区域 A1:B3 代表的单元格为（ ）。

A. A1 A2 A3 B. B1 B2 B3 C. A1 A2 A3 B1 B2 B3 D. A1 B3

20. 在编辑工作表时，隐藏的行或列在打印时将（ ）。

A. 被打印出来 B. 不被打印出来 C. 不确定 D. 以上都不正确

21. 在 Excel 的常规显示格式下，要使某单元格显示 0.5，可用（ ）表达式。

A. 3/6 B. "3/6" C. =3/6 D. ="3/6"

22. 如果 Excel 某单元格显示为“###.###”，这表示（ ）。

A. 公式错误 B. 格式错误 C. 行高不够 D. 列宽不够

23. 要删除 Excel 2010 中选定单元格中的批注，可以用（ ）。

A.【Delete】键

B. 单击“开始”功能区“单元格”分组中的“删除”按钮

C. 选择“开始”功能区“编辑”分组“清除”按钮下的“清除格式”命令

D. 选择“开始”功能区“编辑”分组“清除”按钮下的“清除批注”命令

24. 在 Excel 中，若想输入当天日期，可以通过【Ctrl+（ ）】组合键快速完成。

A. A B. ; C. Shift+A D. Shift+;

25. 用$D7 来引用工作表 D 列第 7 行的单元格，称为对单元格的（ ）。

A. 绝对引用 B. 相对引用 C. 混合引用 D. 交叉引用

26. 在 PowerPoint 2010 中，单击（ ）功能区“母版视图”分组中的“幻灯片母版”按钮，可以进入“幻灯片母版”视图。

A. 编辑 B. 工具 C. 视图 D. 格式

27. PowerPoint 2010 模板的扩展名是（ ）。

A. .potx B. .pftx C. .pptx D. .prtx

28. 要在切换幻灯片时添加声音，可以通过（ ）功能区“计时”分组中的“声音”下拉列表框进行设置。

A. 开始　　B. 插入　　C. 设计　　D. 切换

29. 要为幻灯片中文本框内的文字设置项目符号，应当单击（　　）按钮。

A. “开始”功能区“字体”分组中的“字体颜色”

B. “开始”功能区“字体”分组中的“项目符号”

C. “开始”功能区“段落”分组中的“项目符号”

D. “插入”功能区“符号”分组中的“符号”

30. 在 PowerPoint 2010 中，通过（　　）可以在对象之间复制动画效果。

A. 格式刷　　B. 在“动画”功能区的“动画”组中进行设置

C. 动画刷　　D. 在“开始”功能区的“剪贴板”组的“粘贴选项”中进行设置

二、多选题

1. 在 Windows 7 中，用户文件的属性包括下列（　　）类型。

A. 只读　　B. 存档　　C. 隐藏　　D. 系统

2. 在 Windows 7 的下列操作中，能创建应用程序快捷方式的是（　　）。

A. 在目标位置右击　　B. 在对象上右击

C. 用鼠标右键拖动对象　　D. 在目标位置单击

3. 以下（　　）属于 Windows 7 系统桌面图标。

A. 计算机　　B. 用户的文件　　C. Word　　D. 回收站

4. 在“开始”菜单“搜索程序和文件”文本框中一经键入搜索项文本，被搜索对象的（　　）中的任何文字与搜索项匹配就会被作为搜索结果显示。

A. 标题　　B. 内容　　C. 属性　　D. 图片

5. 在 Windows 7 中，可通过（　　）来关闭窗口。

A. 单击窗口右上角的“关闭窗口”按钮　　B. 按快捷键【Alt+Tab】

C. 按快捷键【Alt+F4】　　D. 按快捷键【Alt+F5】

6. Windows 7 有三种类型的账户，即（　　）。

A. 来宾账户　　B. 标准账户　　C. 管理员账户　　D. 高级用户账户

7. 在 Word 中，使用“另存为”对话框，可以（　　）。

A. 改变文档的名称　　B. 改变文档的保存位置

C. 改变文档的大小　　D. 改变文档的类型

8. Excel 中，对单元格引用方式有（　　）。

A. 绝对引用　　B. 相对引用　　C. 混合引用　　D. 交叉引用

9. 关于工作表名称的叙述，错误的是（　　）。

A. 工作表不能与工作簿同名　　B. 工作表可以没有名字

C. 同一工作簿内不能有同名的工作表　　D. 工作表名称的默认扩展名是.xlsx

10. 对于 PowerPoint，下列关于幻灯片主题的描述，正确的是（　　）。

A. 幻灯片应用的主题选定后还可以改变

B. 幻灯片的大小（尺寸）能够调整

C. 一篇演示文稿中只允许使用一种主题

D. 演示文稿中可以自定义主题颜色

三、填充题

1. Windows 7 中排列桌面图标的方式有：按名称、按大小、按项目类型和按________排列。
2. 在 Windows 系统中，可以通过按________键来复制屏幕的内容。
3. 在 Windows 系统中，各个应用程序之间可通过________交换信息。
4. 在 Windows 系统中，很多可用来设置计算机各项系统参数的功能模块集中在________中。
5. Windows 系统对磁盘信息进行管理和使用是以________为单位的。
6. 在资源管理器中，如果要选择多个不相邻的文件或文件夹项目，则先选中第一个，然后按住________键，再选择其他要选择的项目。
7. 在 Windows 资源管理器中删除文件时，如果在删除的同时按下________键，文件即被永久性删除。
8. 在 Windows 中，可以通过按________键来复制当前窗口的内容。
9. 在 Windows 7 中操作时，右击对象，则弹出针对该对象操作的________。
10. 在 Word 2010 中，利用水平标尺可以设置段落的________格式。
11. 在 Word 2010 中，若要将选定的文本转换成表格，应选择________功能区“表格”分组的“表格”按钮下拉面板中的“文本转换成表格”命令。
12. 在 Word 2010 中，要为文档创建不同的页眉或页脚，在需要使用新页眉的位置，单击“页面布局”功能区“页面设置”分组中的“分隔符”按钮，在弹出面板的________中选某一类型。
13. 在 Excel 中，要求在使用分类汇总之前，先对关键字段进行________。
14. 在 Excel 中，若要对 A3 至 B7、D3 至 E7 两个矩形区域中的数据求平均数，并把所得结果置于 E8 中，则应在 E8 中输入公式________。
15. 在 Excel 中已输入的数据清单含有字段：编号、姓名和工资，若希望只显示最高工资前 5 名的职工信息，可以使用________功能。
16. 在 Excel 中，默认情况下一个工作簿中有________张工作表。
17. 如果要绝对引用 A1 单元格的值，则需要表示成________。
18. A1 单元格设置其数字格式为整数，当输入 66.66 时，显示为________。
19. A5 的内容是 A5，拖动填充柄至 C5，则 B5、C5 单元格的内容分别为________。
20. 在 PowerPoint 中，对整套幻灯片的外观进行一次性修改，可以通过修改________进行。
21. 要为幻灯片添加编号，应单击“插入”功能区“文本”分组中的________按钮。
22. 在 PowerPoint 2010 中，要让不需要的幻灯片在放映时隐藏，可通过单击“幻灯片放映”功能区“设置”分组中的________按钮实现。
23. 在 PowerPoint 中，如果超链接指向另一张幻灯片，目标幻灯片将显示在________中。

习题 3 多媒体基础

一、单选题

1. 在音频处理中，人耳所能听见的最高声频大约可设定为 22 kHz。所以，对音频的最高标准采样频率应取 22 kHz 的（　　）倍。

   A. 0.5　　B. 1　　C. 1.5　　D. 2

2. 立体声双声道采样频率为 44.1 kHz，量化位数为 8 位，一分钟这样的音乐所需要的存储量可按（　　）公式计算。

   A. 44.1×1 000×16×2×60/8B　　B. 44.1×1 000×8×2×60/16B

   C. 44.1×1 000×8×2×60/8B　　D. 44.1×1 000×16×2×60/16B

3. 在当今数码系统中主流采集卡的采样频率一般为（　　）。

   A. 44.1 kHz　　B. 88.2 kHz　　C. 20 kHz　　D. 10 kHz

4. 一幅分辨率为 160×120 像素的图像，在分辨率为 640×480 像素的 VGA 显示器上的大小为该屏幕的（　　）。

   A. 1/16　　B. 1/8　　C. 1/4　　D. 不确定

5. 用于视频影像和高保真声音的数据压缩标准是（　　）。

   A. MPEG　　B. PEG　　C. JPEG　　D. JPG

6. 静态数字图像数据压缩标准是（　　）。

   A. MPEG　　B. PEG　　C. JPEG　　D. PNG

7. 以下（　　）文件是视频影像文件格式。

   A. MPG　　B. AVI　　C. MID　　D. GIF

8. JPEG 格式是一种（　　）。

   A. 能以很高压缩比来保存图像而图像质量损失不多的有损压缩方式

   B. 不可选择压缩比例的有损压缩方式

   C. 有损压缩方式，支持 24 位真彩色以下的色彩

   D. 可缩放的动态图像压缩格式的有损压缩格式

9. 以下有关声音的说法正确的是（　　）。

   A. 数字化的声音是一个数据序列，在时间上是连续的

   B. 数字化的声音是一个数据序列，在时间上是离散的

   C. 模拟声音是一个数据序列，在时间上是连续的

   D. 模拟声音是一个数据序列，在时间上是离散的

10. 把压缩后的视频和音频信息放到媒体服务器上，让用户边下载边收看，这种技术称作流媒体技术，其技术基础是（　　）。

    A. 数据运算　　B. 数据压缩　　C. 数据存储　　D. 数据传输

11. 以下（　　）不是计算机中使用的声音文件格式。

A. WAV　　B. MP3　　C. TIF　　D. MID

12. MP3（　　）。

A. 是具有最高压缩比的图形文件的压缩标准

B. 采用的是无损压缩技术

C. 是目前很流行的音乐文件压缩格式

D. 为具有最高压缩比的视频文件的压缩标准

13. 多媒体技术的主要技术特性有（　　）。

A. 多样性、集成性、交互性、可扩充性　　B. 多样性、集成性

C. 多样性、集成性、交互性　　D. 多样性

14. 用8位二进制数表示每个像素的颜色时，24位真彩色能表示多达（　　）种颜色。

A. 10^{24}　　B. 2^{24}

C. 2 400　　D. 8×24

15. 以下对于声音的描述，正确的是（　　）。

A. 声音是一种与时间有关的离散波形

B. 利用计算机录音时，首先要对模拟声波进行编码

C. 利用计算机录音时，首先要对模拟声波进行采样

D. 数字声音的存储空间大小只与采样频率和量化位数有关

16. 以下关于数据解码的叙述正确的是（　　）。

A. 解码后的数据与原始数据一致称不可逆编码方法

B. 解码后的数据与原始数据不一致称有损压缩编码

C. 解码后的数据与原始数据不一致称可逆编码方法

D. 解码后的数据与原始数据不一致称无损压缩编码

17. 关于位图与矢量图，叙述错误的是（　　）。

A. 位图图像比较适合于表现含有大量细节的画面，并可直接、快速地显示在屏幕上

B. 二维动画制作软件Flash以矢量图形作为其动画的基础

C. 矢量图放大后不会出现马赛克现象

D. 基于图像处理的软件Photoshop功能强大，可以用于处理矢量图形

18. 以下叙述正确的是（　　）。

A. 位图是用一组指令集合来描述图形内容的

B. 分辨率为640×480像素，即垂直方向有640个像素，水平方向有480个像素

C. 表示图像的色彩位数越少，同样大小的图像所占的存储空间越小

D. 色彩位图的质量仅由图像的分辨率决定

19. Windows中的WAV文件，声音质量高，但（　　）。

A. 参数编码复杂　　B. 参数多　　C. 数据量小　　D. 数据量大

20. 有关Windows下标准格式AVI文件的叙述正确的是（　　）。

A. AVI文件采用音频/视频交错视频无损压缩技术

B. 将视频信息与音频信息混合交错地存储在同一文件中

C. 较好地解决了音频信息与视频信息同步的问题

D. 较好地解决了音频信息与视频信息异步的问题

21. 以下有关过渡动画叙述正确的是（　　）。
   A. 中间的过渡帧由计算机通过首尾帧的特性以及动画属性要求计算得到
   B. 过渡动画是不需建立动画过程的首尾两个关键帧的内容
   C. 动画效果主要依赖于人的视觉暂留特征而实现的
   D. 当帧速率达到 12 fps 时，才能看到比较连续的视频动画
22. 图层是 Photoshop 中的一个基本功能，可以通过它控制各个图层的（　　）和图层色彩的混合模式。
   A. 透明度　　B. 色阶　　C. 亮度　　D. 对比度
23. 图像序列中的两幅相邻图像，后一幅图像与前一幅图像之间有较大的相关，这是（　　）。
   A. 空间冗余　　B. 时间冗余　　C. 信息冗余　　D. 视觉冗余
24. 在 GoldWave 中，要提高放音质量，应用（　　）菜单中的命令。
   A. 文件　　B. 效果　　C. 编辑　　D. 选项
25. 在 Flash 中，非矢量图形只能制作（　　）动画。
   A. 动作　　B. 引导运动　　C. 形状补间　　D. 二维
26. MIDI 音乐合成器可分为（　　）。
   A. 音轨合成器、复音合成器
   B. FM 合成器、波表合成器
   C. 音轨合成器、复音合成器、FM 合成器
   D. 音轨合成器、复音合成器、FM 合成器、波表合成器
27. 不属于操作系统多媒体功能的是（　　）。
   A. 带有录音功能　　B. 虚拟内存功能
   C. 资源管理功能　　D. 支持 DVD-ROM 驱动器
28. 以下有关 GIF 格式的叙述正确的是（　　）。
   A. GIF 格式图像可以做成透明的，也可以做成动画
   B. GIF 采用有损压缩方式
   C. 压缩比例一般在 50%
   D. GIF 格式最多能显示 24 位色彩
29. 以下（　　）属于多媒体应用软件。
   A. Authorware　　B. CAI 软件　　C. Visual C++　　D. FrontPage
30. （　　）是适合桌面出版印刷系统的图像格式，支持各压缩或不压缩编码方案。
   A. TIF 格式　　B. GIF 格式　　C. JPEG 格式　　D. PSD 格式

二、多选题

1. 以下（　　）类型的图像文件不具有动画功能。
   A. JPG　　B. BMP　　C. GIF　　D. FIF
2. 以下（　　）是扫描仪的主要性能指标。
   A. 分辨率　　B. 连拍速度　　C. 色彩位数　　D. 扫描速度
3. 衡量数据压缩技术性能的重要指标是（　　）。
   A. 压缩比　　B. 算法复杂度　　C. 恢复效果　　D. 标准化
4. 扫描仪可在下面（　　）应用中使用。
   A. 拍数字照片　　B. 图像输入　　C. 光学字符识别　　D. 图像处理

5. 下列（　　）说法是正确的。
   A. 冗余压缩法不会减少信息量，可以原样恢复原始数据
   B. 冗余压缩法减少数据冗余，不能原样恢复原始数据
   C. 冗余压缩法是有损压缩
   D. 冗余压缩的压缩比一般都比较小
6. 以下关于视频压缩的说法中正确的是（　　）。
   A. 空间冗余编码属于帧内压缩　　B. 时间冗余编码属于帧内压缩
   C. 空间冗余编码属于帧间压缩　　D. 时间冗余编码属于帧间压缩
7. 下列（　　）是视频捕捉卡支持的视频源。
   A. 放像机　　B. 摄像机　　C. 影碟机　　D. CD-ROM
8. 以下（　　）是声音文件格式。
   A. MOV　　B. WAV　　C. WMA　　D. MP3

三、填空题

1. 在计算机中表示一个圆时，用圆心和半径来表示，这种表示方法称作________。
2. 在扩展名.ovl、.gif、.bat 中，代表图像文件的扩展名是________。
3. 数据压缩算法可分无损压缩和________压缩两种。
4. ________是使多媒体计算机具有声音功能的主要接口部件。
5. ________是多媒体计算机获得影像处理功能的关键性的适配卡。
6. 在 Windows 中，波形文件的扩展名是________。
7. 在计算机音频处理过程中，将采样得到的数据转换成一定的数值，以进行转换和存储的过程称为________。
8. 单位时间内的采样数称为________频率，其单位是用 Hz 来表示。
9. 表示图像的色彩位数越多，则同样大小的图像所占的存储空间越________。
10. 使得计算机有“听懂”语音的能力，属于语音识别技术，使得计算机有“讲话”的能力，属于________。
11. ________又称静态图像专家组，制定了一个面向连续色调、多级灰度、彩色和单色静止图像的压缩编码标准。
12. MP3 采用的压缩技术是有损与无损两类压缩技术中的________技术。
13. GIF 格式是采用无损压缩的图像格式，最多支持________种颜色，可构成简单动画。
14. 视频点播的英文简称为________。
15. 色彩位数用 8 位二进制数表示每个像素的颜色时，能表示________种不同的颜色。
16. 多媒体技术和超文本技术的结合，即形成了________技术。

习题 4 计算机网络

一、单选题

1. 计算机互联的主要目的是（　　）。
   A. 资源共享　　B. 制定网络协议
   C. 将计算机技术与通信技术相结合　　D. 集中计算
2. 下面（　　）不是决定局域网特性的主要技术要素。
   A. 网络拓扑　　B. 介质访问控制方法
   C. 传输介质　　D. 网络应用
3. 下面不属于局域网网络拓扑的是（　　）。
   A. 总线网　　B. 星形　　C. 复杂型　　D. 环形
4. 路由器的主要功能是（　　）。
   A. 收听其他路由表信息　　B. 广播自身路由表信息
   C. 路由选择　　D. 通信管理
5. 在 IPv4 规范中，IP 地址的位数为（　　）位。
   A. 32　　B. 48　　C. 128　　D. 64
6. 以下 IP 地址中，属于 B 类地址的是（　　）。
   A. 112.213.12.23　　B. 210.123.23.12
   C. 23.123.213.23　　D. 156.123.32.12
7. TCP/IP 是一种（　　）。
   A. 网络用户　　B. 信息交换方式
   C. 网络作用范围　　D. 网络体系结构
8. 对于单个建筑物内的低通信容量局域网，性能价格比最好的媒体是（　　）。
   A. 双绞线　　B. 同轴电缆　　C. 光缆　　D. 微波
9. 计算机网络中可以共享的资源包括（　　）。
   A. 硬件、软件、数据、通信信道　　B. 主机、外围设备、软件、通信信道
   C. 硬件、程序、数据、通信信道　　D. 主机、程序、数据、通信信道
10. 以一台中心处理机为主，其他入网设备仅与该中心处理机之间有直接的物理链路而构成的网络称为（　　）。
    A. 总线网　　B. 星形网　　C. 局域网　　D. 环形网
11. 下列关于 ADSL 的叙述中，（　　）是错误的。
    A. ADSL 属于宽带接入技术　　B. 上行速率和下行速率不同
    C. 不能使用普通电话线传送　　D. 使用时既可以上网，又可以打电话
12. 将本地计算机的文件传送到远程计算机上的过程称为（　　）。
    A. 下载　　B. 上传　　C. 登录　　D. 浏览

13. ADSL的连接设备分为两端：用户端设备和服务提供端设备，其中用户端设备包括（　　）和ADSL调制解调器。
A. 电话线　　B. 网卡　　C. 网关　　D. 分离器
14. 在因特网域名中，com 通常表示（　　）。
A. 商业组织　　B. 教育机构　　C. 政府部门　　D. 军事部门
15. OSI（开放系统互联）参考模型的最低层是（　　）。
A. 物理层　　B. 网络层　　C. 传输层　　D. 应用层
16. （　　）不属于数据交换的基本技术类型。
A. 报文交换　　B. 分组交换　　C. 信息交换　　D. 线路交换
17. （　　）传输使用一条线路，逐个地传送所有的比特。
A. 串行　　B. 并行　　C. 异步　　D. 同步
18. 数据从一台设备传输到另一台设备，如果每台设备既可以发送信息也可以接收信息，但发送和接收必须轮流进行，则这种通信称为（　　）。
A. 单工　　B. 半双工　　C. 双工　　D. 全双工
19. 计算机网络的基本功能是（　　）。
A. 通信功能和共享功能　　B. 打印功能和通信功能
C. 电子邮件和打印功能　　D. 通信功能和电子邮件功能
20. 下列设备中，属于通信介质的是（　　）。
A. 计算机、双绞线、光纤、同轴电缆　　B. 双绞线、光纤、同轴电缆、微波
C. 计算机、网卡、双绞线、光纤　　D. 双绞线、网卡、同轴电缆、光纤
21. 以下有关Internet的叙述中，正确的是（　　）。
A. Internet 不属于某个国家或组织　　B. Internet 属于美国
C. Internet 属于国际红十字会　　D. Internet 属于联合国
22. 文件传输协议的简称是（　　）。
A. FPT　　B. FTP　　C. TCP　　D. TFP
23. 下面的IP地址中不正确的是（　　）。
A. 202.12.87.15　　B. 159.128.23.15　　C. 16.2.3.8　　D. 126.256.33.78
24. 下列关于在Internet中的域名说法正确的是（　　）。
A. 域名表示不同的地域　　B. Internet 上特定的主机
C. Internet 上不同风格的网站　　D. 域名都是自左向右越来越大
25. WWW中的超文本是指（　　）。
A. 包含图片的文档　　B. 包含多种文本的文档
C. 包含链接的对象　　D. 包含动画的文档
26. 一座大楼内的一个计算机网络系统，属于（　　）。
A. PAN　　B. LAN　　C. MAN　　D. WAN
27. Internet上使用的最基本的两个协议是（　　）。
A. TCP 和 Telnet　　B. TCP 和 IP
C. TCP 和 SMTP　　D. IP 和 Telnet
28. 为进行网络中的数据交换而建立的规则、标准或约定叫做（　　）。
A. 网络拓扑结构　　B. 网络协议　　C. 网络体系结构　　D. 网络系统

29. 如果使用 IE 上网浏览网站信息，这使用的是互联网的（　　）服务。
A. FTP　　B. Telnet　　C. 电子邮件　　D. WWW

30. A123@sthu.edu.cn 中 sthu.edu.cn 表示（　　）。
A. 用户名　　B 网络名　　C. 主机名　　D. 学校名

二、多选题

1. 按传输信号通路的媒体来区分，信道可分为（　　）。
A. 有线信道　　B. 物理信道　　C. 无线信道　　D. 逻辑信道

2. 数据通信的主要技术指标有（　　）。
A. 可靠性　　B. 传输速率　　C. 传输容量　　D. 差错率

3. "三网合一"通常是指（　　）的合并。
A. 公用电话网　　B. 有线电视网
C. 计算机网　　D. 综合业务数字网

4. 以下关于对等网的说法中正确的是（　　）。
A. 对等网上的计算机无主从之分　　B. 可以共享打印机资源
C. 网上所有计算机资源都可以共享　　D. 对等网需要专门的服务器来支持网络

5. 构成一个局域网所需的硬件主要有（　　）。
A. Modem　　B. 双绞线　　C. 网卡　　D. 计算机

6. 互联网的服务功能有（　　）。
A. 远程登录　　B. 文件传输　　C. WWW　　D. 电子邮件

7. 一间房间里有若干台计算机，若组建以太网，则除了计算机外，还需要准备（　　）。
A. 网卡　　B. 双绞线　　C. 集线器　　D. 电话线

8. 常见的网络拓扑结构包括（　　）。
A. 总线型　　B. 网状　　C. 环形　　D. 星形

三、填充题

1. 计算机技术和________技术相结合形成了计算机网络。
2. 数据信号需要通过某种通信线路来传输，这个传输信号的通路叫________。
3. 信号是数据在传输过程中的表示形式，其中模拟信号是连续变化的，而________是分立离散的。
4. 数据通信的主要技术指标有传输速率、差错率、可靠性和________。微波通信的优点是具有宽带特性，传输容量大；缺点是只能沿________传播，受环境条件影响较大。
5. 计算机网络的两大主要功能是________和资源共享。
6. 计算机网络可分成________、城域网和________三大类。
7. 局域网的硬件核心是________，在网络中常用的有线传输介质有________、同轴电缆和________三种。
8. OSI 将网络体系结构分为________、链路层、网络层、传输层、会话层、表示层和________。
9. 计算机网络中的用户必须共同遵从的约定，称为________。Internet 采用________协议进行信息传送。
10. Internet 上的网络地址有两种表示形式：________和________。
11. 电子邮件地址格式为________。

12. Internet 地址中的 http 是指________协议；FTP 是指________协议，它的工作模式是________模式。
13. 路由器是在________和介质之间实现网络互联的一种设备。
14. 从逻辑功能上可把计算机网络分为通信子网和________。
15. 在网址 http://sthu.edu.cn/ 中，edu 表示________。
16. IPv4 地址的二进制位数为________位。

习题 5 网页设计

一、单选题

1. Dreamweaver 中，“常用”面板中的“图像”按钮在（　　）中。

   A. “插入”面板　　B.“属性”面板　　C. 面板组　　D. 菜单栏

2. 网页制作流程为（　　）。

   A. 网站的结构设计

   B. 资料的收集与整理

   C. 网页的制作及效果测试、网页上传、更新维护

   D. 以上都是

3. 在表单中允许用户从一组选项中选择多个选项的表单对象是（　　）。

   A. 单选按钮　　B. 按钮　　C. 复选框　　D. 单选按钮组

4. 超链接主要可以分为文本链接、图像链接和（　　）。

   A. 锚链接　　B. 瞄链接　　C. 卯链接　　D. 瑁链接

5. CSS 表示（　　）。

   A. 层　　B. 行为　　C. 样式表　　D. 时间线

6. 能够设置成口令域的（　　）。

   A. 只有单行文本域　　B. 只有多行文本域

   C. 是单行、多行文本域　　D. 是多行文本标识

7. 为了标识一个 HTML 文件应该使用的 HTML 标记是（　　）。

   A. <p></P>　　B. <body></body>

   C. <html></html>　　D. <table></table>

8. 超链接是一种（　　）的关系。

   A. 一对一　　B. 一对多　　C. 多对一　　D. 多对多

9. 在下面的描述中，不适合于 JavaScript 的是（　　）。

   A. 基于对象的　　B. 基于事件的　　C. 跨平台的　　D. 编译的

10. （　　）技术把网页中的所有页面元素看成是对象，能让所有页面元素对事件做出响应。

    A. HTML　　B. CSS　　C. DOM　　D. XML

11. HTML 代码<img src="name">表示（　　）。

    A. 添加一个图像　　B. 排列对齐一个图像

    C. 设置围绕一个图像的边框的大小　　D. 加入一条水平线

12. 在“页面属性”对话框中，不能设置（　　）。

    A. 网页的背景色　　B. 网页文本的颜色

    C. 网页文件的大小　　D. 网页的边界

13. 在网页设计中，（　　）的说法是错误的。
A. 可以给文字定义超链接
B. 可以给图像定义超链接
C. 只能使用默认的超链接颜色，不可更改
D. 链接、已访问过的链接、当前访问的链接可设为不同的颜色
14. Dreamweaver 的“插入”菜单中，“表格”命令表示（　　）。
A. 打开“插入图像”对话框　B. 打开“表格”的对话框
C. 插入与当前表格等宽的水平线　D. 插入一个有预设尺寸的层
15. 单击（　　）标记可以选中表单虚线框。
A. <table>　B. <td>　C. <img>　D. <form>
16. 在 HTML 标记中，用于表示文件开头的标记是（　　）。
A. <HTML>　B. <TITLE>　C. <HEAD>　D. <FORM>
17. 下列哪种元素不能插入层中（　　）。
A. 表单及表单对象　B. 框架　C. 表格　D. 层
18. 关于 CSS 和 HTML 样式的不同之处，说法正确的是（　　）。
A. HTML 样式只影响应用它的文本和使用所选 HTML 样式创建的文本
B. CSS 只可以设置文字字体样式
C. HTML 样式可以设置背景样式
D. HTML 样式和 CSS 相同，没有区别
19. 在 Dreamweaver 中，下面关于定义站点的说法错误的是（　　）。
A. 首先定义新站点，打开站点定义对话框
B. 在站点定义设置对话框的“站点名称”文本框中填写网站的名称
C. 在站点设置对话框中，可以设置本地网站的保存路径，但不可以设置图片的保存路径
D. 本地站点的定义比较简单，基本上选择好目录即可
20. 下列关于行为的说法不正确的是（　　）。
A. 行为即是事件，事件就是行为
B. 行为是事件和动作的组合
C. 行为是 Dreamweaver 预置的 JavaScript 程序库
D. 通过行为可以改变对象属性、打开浏览器和播放音乐等

二、多选题

1. 一般来说，适合使用信息发布式网站模式的题材有（　　）。
A. 软件下载　B. 新闻发布　C. 个人简介　D. 音乐下载
2. 以下（　　）属于 Dreamweaver CS4 的文档视图模式。
A. 设计视图　B. 框架视图　C. 拆分视图　D. 代码视图
3. 表单包括两个部分，下列选项中属于表单组成部分的是（　　）。
A. 表单　B. 表单对象　C. 表单域　D. 以上都对
4. 在 Dreamweaver 中，需要（　　）、（　　）和（　　）三个参数来加入一个 Shockwave 影片。
A. 位置　B. 高度　C. 宽度　D. 长度

5. 下面属于 JavaScript 对象的有（　　）。

A. Window　　B. document　　C. form　　D. String

6. 通常，网站和浏览者交互采用的方法有（　　）。

A. 聊天室　　B. 论坛　　C. 留言板　　D. 信息看板

7. 要选择一个层，下面可行的操作是（　　）。

A. 在层面板中单击该层的名称　　B. 单击一个层的选择柄

C. 在设计视图中单击层代码标记　　D. 按【Shift】键和【Tab】键可选择一个层

8. 以下（　　）属于 Dreamweaver CS4 提供的热点创建工具。

A. 矩形热点工具　　B. 圆形热点工具　　C. 多边形热点工具　　D. 指针热点工具

三、填空题

1. 超文本置标语言的英文简称是________。

2. Dreamweaver 中，文档窗口中切换视图的按钮分别为：显示代码视图、显示设计视图、________。

3. 如果一次打开了多个文档，可以采用________或平铺方式放置这些文档。

4. Dreamweaver 中，通常可以使用表格和________来对页面进行布局。

5. 表格的宽度可以用百分比和________两种单位来设置。

6. 在 Dreamweaver 中，表格由行、________和________组成。

7. Web 服务器是响应来自 Web 浏览器的请求以提供 Web 页的________。

8. 导入和导出站点是通过选择________命令实现的。

9. 用站点定义对话框中的“高级”设置来设置 Dreamweaver 站点。可以根据需要分别设置本地、文件夹。

10. Dreamweaver 可帮助用户组织和管理________。

11. 静态网页文件的扩展名是________。

12. 网页按其表现形式可分为________和________两种。

13. 将制作好的网页上传到网上的过程即是________。

14. 选择“插入”→“媒体”中的________命令可以插入 Flash 文件。

15. 选择________命令，可以在页面中插入表单。

16. Cascading Style Sheets 的缩写是________，其中文名为________。

参 考 答 案

习题 1 计算机基础

一、单选题

1. C　2. B　3. C　4. B　5. C　6. D　7. C　8. A
9. C　10. D　11. B　12. A　13. B　14. B　15. C　16. D
17. B　18. B　19. B　20. A　21. D　22. D　23. D　24. B
25. A　26. C　27. A　28. A　29. D　30. A

二、多选题

1. ABC　2. ABCD　3. ABC　4. ABC　5. AC　6. BCD
7. ABC　8. ABC　9. ABC　10. ABC　11. BD　12. ACD
13. ACD　14. ABC　15. ABD　16. ABCD

三、填空题

1. 信息　2. 转换　3. 加工　4. 数字签名　5. 数字化　6. CAD
7. 主存储器（主存）　辅助存储器　8. 外存　9. 内存
10. 键盘　鼠标　显示器　打印机　11. 8　12. 72
13. 1 024　14. 480　15. 系统软件　应用软件　16. 程序
17. 运算器　18. 权值　19. 二进制　20. 接口　21. 9
22. 程序存储

习题 2 Windows 7 和 Office

一、单选题

1. D　2. A　3. B　4. B　5. A　6. B　7. C　8. D
9. C　10. A　11. B　12. A　13. C　14. D　15. D　16. A
17. B　18. B　19. C　20. B　21. C　22. D　23. D　24. B
25. C　26. C　27. A　28. D　29. C　30. C

二、多选题

1. ABC　2. ABC　3. ABD　4. ABC　5. AC　6. ABC
7. ABD　8. ABC　9. ABD　10. ABD

三、填空题

1. 修改日期　2. Print Screen　3. 剪贴板　4. 控制面板　5. 文件
6. Ctrl　7. Shift　8. Alt+Print Screen　9. 快捷菜单
10. 缩进　11. 插入　12. 分节符　13. 排序

14. =AVERAGE(A3:B7,D3:E7)　15. 筛选　16. 3　17. $A$1
18. 67　19. A6　A7　20　母版　21. 幻灯片编号
22. 隐藏幻灯片　23. 演示文稿

习题 3　多媒体基础

一、单选题

1. B　2. C　3. A　4. A　5. A　6. C　7. A　8. A
9. B　10. B　11. C　12. C　13. C　14. B　15. C　16. B
17. D　18. C　19. D　20. C　21. A　22. A　23. B　24. B
25. A　26. B　27. C　28. A　29. B　30. A

二、多选题

1. AB　2. AC　3. ABC　4. BC　5. AD　6. AD　7. ABC　8. BCD

三、填空题

1. 矢量表示法　2. .gif　3. 有损　4. 声卡　5. 视频卡　6. .wav
7. 数字化　8. 采样　9. 大　10. 语音合成技术　11. JPEG
12. 有损　13. 256　14. VOD　15. 256　16. 超媒体

习题 4　计算机网络

一、单选题

1. A　2. D　3. C　4. C　5. A　6. D　7. D　8. A
9. A　10. B　11. C　12. B　13. D　14. A　15. A　16. C
17. A　18. B　19. A　20. B　21. A　22. B　23. D　24. B
25. C　26. B　27. B　28. B　29. D　30. C

二、多选题

1. AC　2. ABD　3. ABC　4. ABC　5. BCD
6. ABCD　7. ABC　8. ABCD

三、填空题

1. 通信　2. 信道　3. 数字信号　4. 带宽　直线　5. 通信
6. 局域网　广域网　7. 服务器　双绞线　光纤　8. 物理层　应用层
9. 协议　TCP/IP　10. IP 地址　域名　11. 用户名@主机名
12. 超文本传输　文件传输　客户/服务器　13. 多个网络　14. 资源子网
15. 教育机构　16. 32

习题 5　网页设计

一、单选题

1. A　2. D　3. C　4. A　5. C　6. A　7. C　8. C
9. D　10. C　11. A　12. C　13. C　14. B　15. D　16. C
17. B　18. A　19. C　20. A

二、多选题

1. ABD 2. ACD 3. AB 4. ABC 5. ABCD 6. ABC
7. ABC 8. ABC

三、填空题

1. HTML 2. 显示拆分视图 3. 层叠 4. 框架
5. 像素 6. 列 单元格 7. 软件 8. “站点”→“管理站点”
9. 默认图像 10. 站点 11. HTM 或 HTML
12. 静态网页 动态网页 13. 发布 14. SWF
15. “插入”→“表单”→“表单” 16. CSS 层叠样式表

附录 A　操作模拟题

一、Windows 操作

（1）在 C:\KS 文件夹下创建两个文件夹：JHC、JKC；在 C:\KS\JHC 文件夹中建立名为 JLC 的文件夹。

（2）在 C:\KS 文件夹下创建一个文本文件，文件名为 test.txt，内容为“计算机应用基础实验”，修改其属性为只读。

（3）在 C:\KS 文件夹中建立名为 npd 的快捷方式，指向 Windows 7 的系统文件夹中的应用程序 notepad.exe，并指定快捷键为【Ctrl+Shift+J】，运行方式为最大化。

（4）将 Windows 7 的“帮助与支持”中关于“安装打印机”的全部帮助信息内容保存到 C:\KS\help.txt 中。

二、Office 操作

1. Word 操作

打开 C:\KS 文件夹中 Word.docx 文件，参见图 A-1 所示样张，按下列要求进行操作，并将结果以原文件名保存。

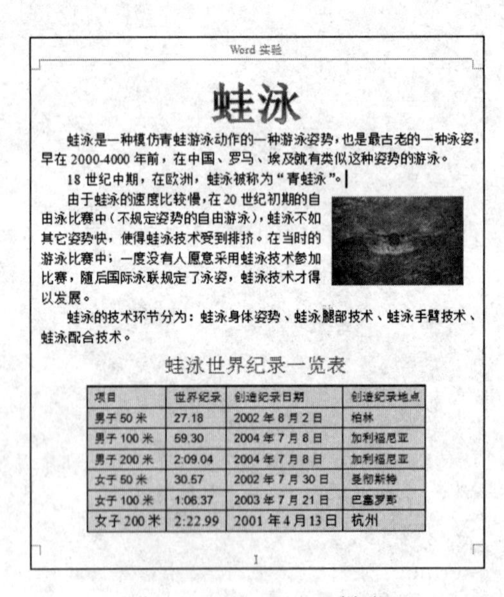
Word 实验

蛙泳

蛙泳是一种模仿青蛙游泳动作的一种游泳姿势，也是最古老的一种泳姿，早在 2000-4000 年前，在中国、罗马、埃及就有类似这种姿势的游泳。

18 世纪中期，在欧洲，蛙泳被称为“青蛙泳”。

由于蛙泳的速度比较慢，在 20 世纪初期的自由泳比赛中（不规定姿势的自由游泳），蛙泳不如其它姿势快，使得蛙泳技术受到排挤。在当时的游泳比赛中；一度没有人愿意采用蛙泳技术参加比赛，随后国际泳联规定了泳姿，蛙泳技术才得以发展。

蛙泳的技术环节分为：蛙泳身体姿势、蛙泳腿部技术、蛙泳手臂技术、蛙泳配合技术。

蛙泳世界纪录一览表

项目	世界纪录	创造纪录日期	创造纪录地点
男子 50 米	27.18	2002 年 8 月 2 日	柏林
男子 100 米	59.30	2004 年 7 月 8 日	加利福尼亚
男子 200 米	2:09.04	2004 年 7 月 8 日	加利福尼亚
女子 50 米	30.57	2002 年 7 月 30 日	曼彻斯特
女子 100 米	1:06.37	2003 年 7 月 21 日	巴塞罗那
女子 200 米	2:22.99	2001 年 4 月 13 日	杭州

1

图 A-1　Word.docx 样张

（1）将文中所有错词“娃泳”替换为“蛙泳”。将表题“蛙泳世界纪录一览表”设置为三号红色字体、居中显示。设置正文各段落首行缩进 2 字符。

（2）设置标题为“渐变填充-蓝色，强调文字颜色 1”的艺术字，文字环绕方式为“嵌入型”并居中显示。

（3）设置剪贴画高 2.5cm、宽 3.7cm，文字环绕方式为“四周型环绕”，并参照样张调整其位置。

（4）将文中后 7 行文字转换成一个 7 行 4 列的表格，并根据内容自动调整表格。自定义表格的边框和底纹效果。

（5）插入页眉和页脚。页眉“Word 实验”居中显示，页脚居中显示大写的罗马数字。

2．Excel 操作

打开 C:\KS 文件夹中 Excel.xlsx 文件，参见图 A-2 所示样张，按下列要求进行操作，并将结果以原文件名保存。

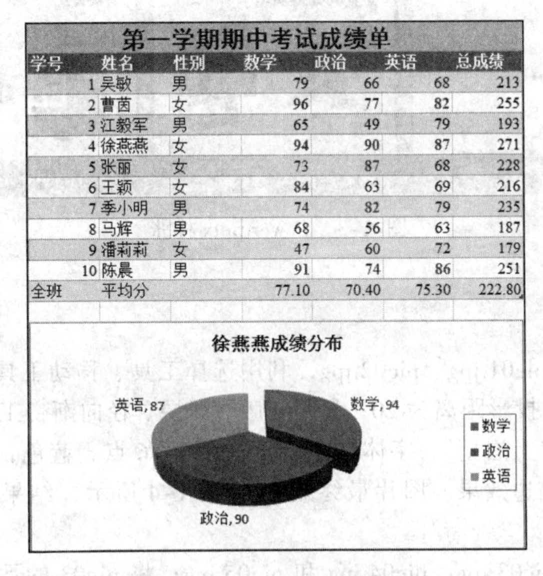

第一学期期中考试成绩单

学号	姓名	性别	数学	政治	英语	总成绩
1	吴敏	男	79	66	68	213
2	曹茵	女	96	77	82	255
3	江毅军	男	65	49	79	193
4	徐燕燕	女	94	90	87	271
5	张丽	女	73	87	68	228
6	王颖	女	84	63	69	216
7	季小明	男	74	82	79	235
8	马辉	男	68	56	63	187
9	潘莉莉	女	47	60	72	179
10	陈晨	男	91	74	86	251
全班	平均分		77.10	70.40	75.30	222.80

图 A-2　Excel.xlsx 样张

（1）在 Sheet7 中设置表格标题为：字体黑体、18 磅、加粗、蓝色；在 A1:G1 区域中合并居中；加“红色，强调文字颜色 2，淡色 60%”的底纹。

（2）用公式计算总成绩（=数学+政治+英语）和全班的平均分。

（3）用条件格式将数学、政治、英语成绩在 80 分及以上者以红色加粗显示。

（4）为表格套用“表样式中等深浅 3”的表格样式；将工作表 Sheet7 的名称重命名为“成绩表”。

（5）在 A15:G25 区域建立“徐燕燕”同学的“三维饼图”图表，并添加数值、类别名称和标题文字。设标题文字为 14 磅、字体默认，其他图表文字为 11 磅；并参照样张适当调整饼图大小和形状。

3．PowerPoint 操作

打开 C:\KS 文件夹的 Power.pptx 文件，按要求操作，效果如图 A-3 所示，并将结果以原名保存在 C:\KS 文件夹中。

（1）在幻灯片 1 上，对文本“树”应用“浮入”进入动画；对幻灯片 2～6 插入幻灯片编号。

（2）在幻灯片 5 上，将左侧图片改为 C:\KS 文件夹中的 new.jpg 图片，并适当调整大小，使画面感觉协调；将右侧文字列表转换为 SmartArt：“基本列表”，样式为“砖块场景”。

（3）分别为幻灯片 1 的“落叶树”和“常绿树”设置超链接到第 3 张、第 5 张幻灯片，并在幻灯片 3 左下方添加动作按钮，按钮名为“返回”，该按钮指向幻灯片 1。

（4）将演示文稿的主题更改为“龙腾四海”；设置幻灯片切换方式，使每张幻灯片在 3 秒后自动切换。

图 A-3　Power.pptx 样张

三、多媒体操作

1. Photoshop 操作

（1）打开图像文件 pic01.jpg、pic02.jpg，利用选择工具、移动工具合成两图像，并调整大小；为鸟设置投影效果，投影距离为 20；利用蒙版、图层、径向渐变工具，制作如图 A-4 样张所示效果。书写文字“喜上眉梢”，字体华文新魏、大小 36 点、蓝色，并设置文字的“色谱”渐变叠加及白色 3 像素描边效果。图片最终效果如图 A-4 所示，结果以 Photo1.jpg 为文件名保存在 C:\KS 文件夹中。

（2）打开图像文件 pic03.jpg、pic04.jpg 和 pic05.jpg；将 pic03 的不透明度设为 20%，并添加白色图层衬底；将 pic04 和 pic05 部分图像合成到 pic03 中，边缘羽化 8，并适当调整大小；为合成后的椭圆区域添加喷色描边（喷色半径为 10）的效果；书写文字“我们的校园”（字体隶书，大小 48 点，浑厚，颜色 R:248、G:151、B:48），并设置斜面浮雕效果。图片最终效果如图 A-5 所示，结果以 Photo2.jpg 为文件名保存在 C:\KS 文件夹中。

图 A-4　Photo1.jpg

图 A-5　Photo2.jpg

2. Flash 动画制作

（1）打开 Flash1.fla 文件，按下列要求制作动画，如图 A-6 所示，效果参见样例 1，并以 dh1.swf 为文件名导出影片到 C:\KS 文件夹。

图 A-6 dh1.swf 效果

① 设置影片大小为 400×300 像素，帧频为 12 帧/秒。

② 将“书卷”元件作为整个动画的背景，显示至第 80 帧。

③ 新建图层，将“树枝”元件放置在该图层，创建树枝从第 1 帧到 30 帧，再到 60 帧上下摇动的动画效果，显示至第 80 帧。

④ 新建图层，利用“文字 1”元件和“文字 2”元件，创建动画效果：从第 1 帧到第 25 帧静止显示“青青绿草”，第 26 帧到第 50 帧逐渐变为“请勿踩踏”，静止显示至第 80 帧。

⑤ 新建图层，利用“幕布”元件，从第 1 帧到 54 帧在左边静止，并创建从第 55 帧到第 80 帧拉上幕布的效果。

（2）打开 Flash2.fla 文件，按下列要求制作动画，如图 A-7 所示，效果参见样例 2，并以 dh2.swf 为文件名导出影片到 C:\KS 文件夹。

① 设置影片大小为 500×300 像素，帧频为 10 帧/秒，用“背景”元件作为整个动画的背景，静止显示至第 60 帧。

② 新建图层，将“台布”元件靠右放置在该图层，创建“台布”自第 1 帧到 50 帧从左到右逐步变窄的动画效果，并静止显示至第 60 帧。

③ 新建图层，将“卷轴”元件放置在该图层，位置与背景卷轴紧靠，创建卷轴自第 1 到 50 帧从左向右运动的动画效果，静止显示至第 60 帧。

④ 新建图层，并移动到紧靠背景层之上，将“文字 1”元件放置在该图层，创建文字自 15 到 50 帧从无到有的动画效果，并显示至第 60 帧。

⑤ 新建图层，在第 10 帧加入文字“国宝”（字体隶书，大小 36，红色），逐步放大至第 50 帧居中，并显示至 60 帧。

图 A-7 dh2.swf 效果

四、网页制作

设置 C:\KS\wy 文件夹为站点（图片素材在 wy\images 中，动画素材在 wy\flash 中），参照图 A-8 按下列要求在站点中编辑并修改网页，结果保存在原文件夹中。

（1）打开主页 index.html，设置网页标题为“异地高考”；设置网页背景图片为 bg.jpg；设置表格属性：居中对齐、边框线宽度、单元格填充、间距设置为 0。

（2）合并第 1 行第 1 列和第 2 行第 1 列的单元格，并在其中插入图片 yidi.jpg，设置该图片的宽度为 236，高度为 139，超链接到 http://sh.sina.com.cn。

（3）设置“异地高考”的文字格式（CSS 目标规则名定为.gk），字体为华文楷体，大小为 36px，在单元格中水平居中；第 2 行第 2 列中的正文内容按照样张开头添加 8 个半角空格。

（4）按样张在“问卷调查”文字前添加水平线，设置水平线的颜色为：#8D7FE1；把“问卷调查”文字删除，然后插入 wjdc.swf 动画，将该动画调整为宽度 600 像素，高度 60 像素。

（5）按样张在最后一行第 2 列中插入表单，表单文字内容来自“问卷调查.txt”文件，设置单选按钮组（名称为 radio）中的“说不清楚”为默认选项，插入行数为 5 的多行文本区域，添加两个按钮“提交”和“重置”。

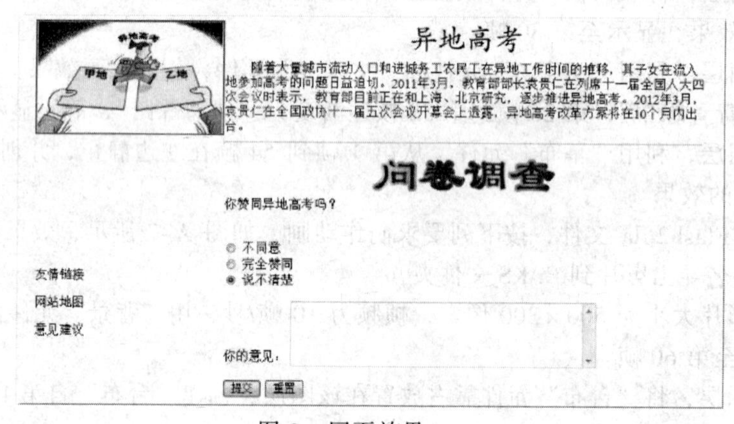

图 8　网页效果